开源 WebGIS 应用开发技术

The Development Technology of WebGIS
Application Based on Open Source

张健钦 徐志洁 杜明义 著

测绘出版社

·北京·

© 张健钦　徐志洁　2021

所有权利(含信息网络传播权)保留,未经许可,不得以任何方式使用。

内 容 简 介

本书主要介绍了WebGIS及其相关的开源技术,在WebGIS的技术上引进常用和便捷的地图服务,并做相应的简单例子讲解,列举了当前主流的电子地图服务并进行对比;详细梳理了一套WebGIS开发需要学习的前后端技术顺序流程,并穿插介绍了地理信息系统在Web中专属的数据交流格式JSON,在此基础上由浅入深地介绍了相关数据库知识,并对当前热门数据库进行对比筛选和使用;利用以上技术搭建经典平台的应用架构MSS,并基于以上技术的运用,讲解三大项目的实战案例。

本书适用于学习开源WebGIS开发的地理信息科学专业和计算机专业的本科生、研究生,同时也可以作为从事Web项目开发的专业技术人员的实用参考书。

图书在版编目(CIP)数据

开源WebGIS应用开发技术/张健钦,徐志洁,杜明义著. —北京:测绘出版社,2021.7
ISBN 978-7-5030-4047-4

Ⅰ.①开… Ⅱ.①张… ②徐… ③杜… Ⅲ.①地理信息系统—应用软件 Ⅳ.①P208

中国版本图书馆CIP数据核字(2021)第135566号

责任编辑	李 莹	封面设计	李 伟	责任印制	吴 芸
出版发行	测绘出版社		电　话	010—68580735(发行部)	
地　　址	北京市西城区三里河路50号			010—68531363(编辑部)	
邮政编码	100045		网　址	www.chinasmp.com	
电子邮箱	smp@sinomaps.com		经　销	新华书店	
成品规格	169mm×239mm		印　刷	北京建筑工业印刷厂	
印　张	13.5		字　数	258千字	
版　次	2021年7月第1版		印　次	2021年7月第1次印刷	
印　数	001—600		定　价	86.00元	
书　号	ISBN 978-7-5030-4047-4				

本书如有印装质量问题,请与我社发行部联系调换。

前　言

网络地理信息系统(web geographic information system,WebGIS)是网络技术应用于地理信息系统(geographic information system,GIS)开发的产物。GIS通过Web功能得以扩展,真正成为一种可供大众使用的工具。随着信息科学的飞速发展,特别是网络技术的普及,WebGIS技术在各行各业的深入发展已成必然趋势。

目前,市场上虽然有一些关于WebGIS方面的书籍,但这些书籍大部分侧重于WebGIS理论、方法的阐述,缺少针对开源WebGIS应用案例实践技术的分析。对于在校学生或研发人员来讲,单纯地理解WebGIS涉及的理论和方法比较空洞,没有实践开发的感受和实际操作的乐趣。基于此,本书作者从实际开发项目的角度撰写了一本适用于地理信息相关专业学生学习开源WebGIS系统开发的书籍,同时也为从事Web项目的专业技术人员提供一本实用的参考书。

本书分为6章。第1章是对WebGIS的概述,从不同角度阐述了WebGIS的概念和应用特点,总结了WebGIS的发展现状;第2章是对开源WebGIS的介绍,首先将GIS的两种体系架构进行对比,并指出WebGIS(B/S)架构的优势,接着从不同层面展开对开源WebGIS技术的介绍,包括WebGIS的体系结构、系统服务发布、地图服务框架、数据库技术,以及客户端展示所涉及的开源地图框架;第3章以简单的开源地图应用实例为接入口,说明WebGIS的实现需要前端技术和后台服务共同完成;第4章对地图应用的前端技术展开叙述,包括入门需要掌握的基础知识和几个开源库的应用,并附以实例说明;第5章详尽讲解了数据库和后台服务开发的常用开源框架,是对第2章的深入补充;第6章从实例应用角度讲述了如何构建一个大型WebGIS,详细介绍了系统开发过程中的每一步,包括需求分析、可行性分析、总体设计、功能设计及最后的系统实现,将之前章节中的内容以系统实现方式展现,帮助读者消化知识,可以按照实例构建自己的WebGIS系统,加深对技术的理解。

本书在编写的过程中参阅了大量国内外著作和有关文献,有的文献可能由于疏忽遗漏未能在参考文献中列出,在此谨向本书直接和间接引用的研究成果的作者表示深深的感谢。此外,感谢我的硕士研究生们,他们是王鹏宇、成渊昀、王硕、王胜开、刘亚琼、申兆幕。他们对本书的编写特别是书中图表的标绘付出了大量的劳动。

由于作者水平有限、编写时间仓促，书中难免有疏漏和不足之处，恳请读者批评指正，以便修改完善。

目 录

第1章 WebGIS 概念 ··· 1
　§1.1　WebGIS 简介 ··· 1
　§1.2　WebGIS 特点 ··· 1
　§1.3　WebGIS 发展现状 ··· 2

第2章 有关 WebGIS 的开源技术 ······································· 3
　§2.1　WebGIS 体系结构设计 ··· 3
　§2.2　相关开源技术 ··· 4
　§2.3　主要开源客户端 ·· 17

第3章 一个基于开源技术的地图应用 ·································· 19
　§3.1　Mapbox 简介 ·· 19
　§3.2　基于 Mapbox 地图的测距功能 ·································· 24

第4章 前端地图的开发 ·· 35
　§4.1　地图相关概念 ·· 35
　§4.2　常用前端开发技术 ·· 39
　§4.3　利用 Mapbox 制作地图的简单案例 ······························ 52
　§4.4　JSON 格式 ·· 55

第5章 地物属性服务的开发 ·· 63
　§5.1　数据库初识 ·· 63
　§5.2　Java Web 技术 Servlet 入门 ··································· 110
　§5.3　MyBatis 初识 ··· 121
　§5.4　Struts 2 初识 ··· 129
　§5.5　Spring 初识 ·· 137
　§5.6　集成实例 ··· 154

第6章 应用案例实战 ·· 170
§6.1 西城 TOCC 系统概述 ·· 170
§6.2 需求分析和可行性分析 ·· 171
§6.3 总体设计 ·· 172
§6.4 系统功能设计 ·· 174
§6.5 数据结构设计 ·· 177
§6.6 系统实现 ·· 181

参考文献 ·· 205

第1章 WebGIS 概念

§1.1 WebGIS 简介

网络地理信息系统(web geographic information system,WebGIS)是网络技术应用于地理信息系统(geographic information system,GIS)开发的产物,是一个交互式、分布式、动态的地理信息系统。WebGIS一般情况下由多台主机、多个数据库和多个客户端以分布式在互联网上连接而成,包括四个部分:WebGIS浏览器(browser),WebGIS服务器(server),WebGIS编辑器(editor),WebGIS信息代理。

另有学者定义:WebGIS就是基于互联网技术的地理信息系统(GIS),随着互联网技术的不断发展和人们对地理信息系统需求的增长,利用互联网技术在Web上发布和出版空间地理数据,为用户提供空间数据浏览、查询和分析等功能(屈春燕 等,2001)。

WebGIS是指建立在互联网上并具有浏览器—服务器(browser/server,B/S)结构的网络GIS,是利用互联网技术对传统GIS的改造和发展,它改变了传统桌面GIS的运行模式,使用户可以借助方便、廉价的互联网,通过浏览器统一的用户界面,访问位于不同服务器、不同类型的空间信息资源。从网络的任意一个节点上,用户使用浏览器(如Edge、Firefox等)就可以浏览查看WebGIS站点中的空间信息数据,并制作专题地图,还可以进行地理信息的空间查询、空间分析,甚至以此做出预测和决策。网络信息的发布为GIS提供了直观展示功能,使人们通过网络浏览查询信息更加一目了然,也使GIS功能通过网络的使用得到普及和扩展,真正成为大众经常使用的技术和工具。

简而言之,WebGIS就是用浏览器操作地理信息系统。

§1.2 WebGIS 特点

网络已经成为集生活、学习、工作为一体的全球性平台,更是一个全球性的信息数据库。GIS在网络上的实现极大地拓展了GIS的发展使用空间,可以实现同时为每一个网络用户提供地理信息服务。传统GIS技术已经发展成熟,但是发展和使用的空间狭小,很难普遍服务于大众。GIS在网络上的实现使得发布共享地图、制作专题地图、浏览地理空间数据等成为可能。简单来说，WebGIS 有以下几个特点：

（1）独立于平台。WebGIS 遵守互联网协议和传输控制协议（transmission control protocol/internet protocol，TCP/IP）及超文本传输协议（hyper text transfer protocol，HTTP），通过标准超文本标记语言（hyper text markup language，HTML）进行展示，使各个地方的数据都能传输。实现系统跨平台，仅通过浏览器就可以运行系统。

（2）良好的扩展性。WebGIS 可以实现和其他信息系统无缝集成，建立灵活的GIS 应用功能系统。

（3）分布式特征。WebGIS 实现了空间数据信息的分布式访问、计算、分析和储存。客户端和服务器分布在不同的地点和不同的计算机上，可以把多个提供数据库服务的服务器分布在全世界不同地区，降低访问带宽要求，提供更加便捷的 GIS 服务。

（4）服务全球化。WebGIS 可以在任意网络节点访问服务器提供的 GIS 服务，只需要对服务器端的数据进行维护，就可以和全球的网络用户交互。

（5）操作更简单。WebGIS 是为普通大众提供 GIS 服务，对系统的操作要求不高。

（6）GIS 服务协同。用户可以调用不同代理商发布的服务数据，与自己建立的服务结合，完成逻辑上统一的服务系统。这种技术节省了大量的处理数据的时间，可以更好地发挥 GIS 的服务功能。WebGIS 的发展可以让更多的人认识和使用 GIS，为 GIS 的进一步发展起到推动作用（张大鹏 等，2011）。

§1.3　WebGIS 发展现状

随着互联网技术的普及和成熟，地理信息系统和互联网进行了有利的功能结合，结果就是我们所说的 WebGIS，它已经成为 GIS 发展的重要方向之一。WebGIS 有两个基本特点：它既是一种基于网络的 GIS 程序；同时它又是基于 HTTP 实现的 Web 应用，即它也是一种 Web 应用程序。因此，从 GIS 服务器角度来看，WebGIS 并没有脱离 GIS 定义的范畴，它依旧是用于地理信息数据的发布和管理；而从开发者的角度来看，开发者要编写的还是 Web 页面的应用程序。整体来说，WebGIS 的大架构包括了 GIS 数据库、GIS 服务器和 GIS 用户三个方面。在 WebGIS 的应用方面，我国已经做了许多有益的探索，也取得了宝贵的经验。例如，WebGIS 是数字城市建设的关键技术之一，WebGIS 在旅游路线、智能交通、交通预警服务等领域的应用非常广泛。随着互联网、分布式计算及计算图形学的快速发展，WebGIS 的服务理念从数据服务转变到信息分析处理服务，网格 GIS、虚拟地理环境、多源数据访问、智能化 GIS 等都是 WebGIS 研究的重要方向（魏波 等，2009）。

第 2 章　有关 WebGIS 的开源技术

§2.1　WebGIS 体系结构设计

2.1.1　WebGIS 的体系结构

B/S 结构只需要在客户机上安装一个浏览器,如 Firefox 或 IE,服务器端安装 Oracle 或 SQL Server 等数据库。客户端浏览器通过 Web Server 和 GIS Server 同数据库进行数据交互。B/S 结构最大的优点就是可以在任何地点的浏览器进行操作,而不需要安装任何专业的软件。只要有一台能上网的计算机就可以使用,客户端不需要维护。系统功能的扩展非常容易,只要可以上网,就可以打开网页上的功能系统,进行浏览和使用。

2.1.2　基于 C/S 结构的地理信息系统

在客户—服务器(client/server,C/S)结构中,服务器通常采用高性能的个人计算机(personal computer,PC)、工作站或小型机,也可以采用大型数据库系统,客户端需要安装专用的客户端软件。

C/S 结构的优点是能充分发挥客户端 PC 的处理能力,很多工作可以在客户端进行后再将结果提交给服务器,所以可以利用客户端响应速度快的优势。缺点主要有以下几个:

(1)只适用于局域网。随着互联网的飞速发展,移动办公和分布式办公越来越普及,这就需要系统具有扩展性。C/S 结构远程访问不仅需要专门的技术,为了处理分布式的数据,还需要对系统进行专门的设计。

(2)客户端需要安装专用的客户端软件。首先要考虑安装的工作量,其次客户端任何一台计算机出问题,如感染病毒、硬件或软件损坏,都需要进行安装或维护,所以维护工作是大量、烦琐的。当软件系统版本需要升级时,每一台客户机都需要重新更新安装,其维护和升级成本将会非常高。

(3)对客户端的操作系统有限制。软件系统可能适用于 Windows 10 或 Windows 7,但不适用于 Windows 2000 或 Windows XP,或者不适用于微软新的操作系统等,更不用说 Linux 等系统(宋欣,2012)。

C/S 结构与 B/S 结构的比较如表 2.1 所示。

表 2.1　C/S 结构与 B/S 结构比较

	C/S 结构	B/S 结构
硬件环境	一般建立在专用的网络上,小范围的网络环境,局域网之间再通过专门服务器提供连接和数据交换服务	建立在广域网上,不必有专门的网络硬件环境,有比 C/S 结构更强的适应能力、更大的适应范围,一般只要有操作系统和浏览器就行
安全要求	一般面向相对固定的用户群,对信息安全的控制能力很强。高度机密的信息系统采用 C/S 结构适宜,可以通过 B/S 结构发布部分可公开信息	建立在广域网上,对安全的控制能力相对较弱,面向的是不可知用户群
程序架构	程序更加注重流程,可以对权限多层次校验,较少考虑系统的运行速度	对安全及访问速度需多重考虑,访问速度需要进一步优化。相比 C/S 结构有更高的要求,B/S 结构的程序架构是呈发展的趋势,从 MS 的 .Net 系列到全面支持网络的构件搭建系统。Sun 和 IBM 推的 Java Bean 构件技术使 B/S 结构更加成熟
软件重用性	构件的重用性不如在 B/S 结构下的好	对于多重结构且相对独立的构件,重用性相对更好
系统维护	由于程序的整体性,必须整体考察并处理出现的问题,系统升级难,系统维护开销大	由构件组成,便于个别单独构件的更换,实现系统的无缝升级。系统维护开销减到最小,用户从网络自己下载安装就可以实现升级
问题处理	程序可以处理的用户面固定,并且在相同区域。安全需求高,与操作系统相关性比较高	建立在广域网上,面向不同的用户群,地域分散,这是 C/S 无法做到的。由于 Java 等跨平台语言的盛行,功能系统与操作系统平台关联较小
用户接口	多是建立在 Window 平台上,表现方法比较有限,对程序员普遍要求较高	建立在浏览器上,有更加丰富和生动的表现方式与用户交流,并且大部分难度较低,可减少开发成本
信息流	程序一般是典型的中央集权的机械式处理,交互性相对较低	信息流向可变化,有 B-B、B-C、B-G 等信息流向的变化,更像交易中心

§2.2　相关开源技术

2.2.1　OGC 规范

开放地理空间信息联盟(Open Geospatial Consortium,OGC),自称是一个非营利性、自愿协商、国际化的标准化组织,其目的主要是制定有关空间信息、基于位置服务的标准。这些标准即是 OGC 的"产品",而这些标准的作用就在于使不同厂商、不同产品之间可以通过统一的接口进行互操作。OGC 也是一个全球论坛,旨在推进地理信息互操作、国际标准发展。OGC 的主要成果一般是指一些描述其编码和标准规范的详细接口的技术文档。除此之外,OGC 成果还包括诸如抽象规范、OGC 参考模型、工程报告、讨论文件、白皮书、变更请求、技术委员会的政策指示等,软件开发人员可以以这些技术文件为依据,构建自己的产品和服务的开放式接口及编码等。其中,地理标记语言(geographic markup language,GML)与开放地理空间信息联盟网络服务(OGC web service,OWS)体系的应用最为广泛。GML 对地理实体的几何属性和普通属性进行基于可扩展标记语言(extensible markup language,XML)的编码,统一描述和表示空间信息。OWS 体系包括三个地理信息服务:网络地图服务(web map service,WMS)、网络要素服务(web feature service,WFS)和网络处理服务(web processing service,WPS)。WMS 是在网络环境下根据地理信息动态地生成具有空间参考信息的地图服务,它把地图定义为地理数据可视化的体现;WFS 支持在 HTTP 协议约束下的分布式计算机平台上进行要素查询,返回空间数据要素及 GML 编码;WPS 则是一个通用的接口,每个 WPS 可以实现它支持的过程,以及与其相关的输入和输出(陈迅,2012)。

2.2.2 基于 J2EE 的 WebGIS 体系结构部署

将 WebGIS 与 J2EE 相结合,利用 J2EE 的平台无关性与分布式结构等特征,以 Sun 的企业 Java 组件(enterprise Java bean,EJB)封装 WebGIS 的应用功能,来实现 WebGIS 应用层的可移植性。对应业务逻辑上 J2EE 的划分,将 WebGIS 划分为 3 层:客户层、中间层、数据层(图 2.1)。

客户层作为连接用户(user)和 GIS 服务器的桥梁,客户端为用户提供图形用户界面(graphical user interface,GUI),可以认为是应用程序或者浏览器(李敏等,2004)。

中间层分为 Web 层和 Web 应用服务层。在 Web 层采用 Tomcat 作为 Web 容器,此容器提供了 Java 服务器页面(Java Server Pages,JSP)及 Servlet 组件,以响应客户端与应用服务器的通信及客户端的请求。Web 应用服务层作为系统的核心,运行在 WebGIS 应用服务器上,由在 EJB 容器中运行的 EJB 组件与会话 EJB 组件组成。本书的 GIS 服务器主要采用 GeoServer,以响应和处理各种来自于浏览器或者其他应用程序的 WMS 与 WFS 请求,完成 WebGIS 空间数据的访问和一些复杂的空间任务,并可以通过多种数据源接口直接访问空间数据,将处理的结果以栅格、矢量或者 GML 的形式传输到客户端(魏波 等,2009)。

数据层中的空间数据源既可以是多种,也可以是单独的文件或者数据库。

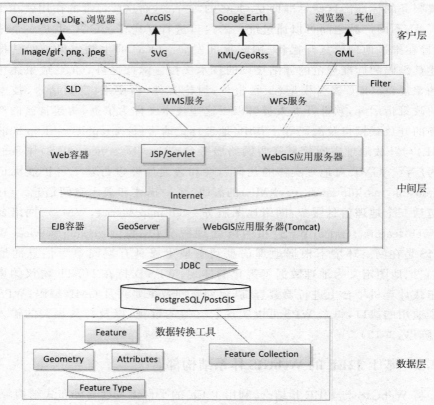

图 2.1 基于 J2EE 的 WebGIS 系统结构

2.2.3 Web 服务器

业务服务器作为 Web 服务的核心构成组件之一,接受来自客户端的 HTTP 请求,执行后赋给 HTTP 响应以一个合适的资源。在 Web 服务器中,Apache 和因特网信息服务器(Internet information server,IIS)是目前使用最为广泛的服务器。常用 Web 服务器的比较如表 2.2 所示。

表 2.2 常用 Web 服务器比较

Web 服务器	支持的平台	是否开源	其他
Apache	Unix、Windows、Linux	是	扩展、移植性好
Tomcat	Unix、Windows、Linux	是	小巧轻便
IIS	Windows	否	
IBM	Intel、Linux、z/OS	是	
Oracle	Unix、Windows、Linux	否	方便移植到 Oracle

Tomcat 是 Apache 软件基金会(Apache Software Foundation, ASF)的 Jakarta 项目中的一个核心项目,由 Apache、Sun 和其他一些公司及个人协同开发。得益于 Sun 的参与和支持,最新的 Servlet 与 JSP 规范总是能在 Tomcat 中得到完美体现,Tomcat 5 支持最新的 Servlet 2.4 与 JSP 2.0 规范。因为 Tomcat 技术先进、性能稳定,而且开源,因而深受 Java 爱好者的青睐,并得到了部分软件开发商的认可,已经成为当前较为流行的 Web 应用服务器。因为 Tomcat 是一个轻量级的服务器,运行时占用较少的系统资源,方便安装和部署,所以其在中小型系统和并发访问用户不是很多的场合下被普遍使用,是开发和调试 JSP 程序的首选。本书在遵循开源思想的同时,考虑硬件的支持、服务器的扩展性和可移植性,最终选定 Tomcat 作为 Web 服务器(徐立新 等,2012)。

1. 业务服务器的框架模式

与利用的编写框架无关,本书将业务服务器的实现分为三个层次,即模型—视图—控制器(model-view-controller, MVC)模式,在不同的框架里这三个层次的实现各有差别。

模型—视图—控制器是一种用于开发 Web 应用程序的软件设计模式。模型—视图—控制器(MVC)模式由三个部分组成:模型(model)负责维护最低级别的数据;视图(view)负责向用户显示全部或部分数据;控制器(controller)是软件代码,控制模型与视图之间的相互作用。

MVC 在用户界面层,应用逻辑隔离技术,且支持关注点分离,从而广受欢迎。在这里,控制器接收所有请求的应用和模型,并准备视图所需要的任何数据。查看,然后使用编制的数据由控制器生成最终像样的回应。MVC 可以抽象地以图形方式显示,如图 2.2 所示。

模型是应用程序中用于处理数据逻辑的部分,通常模型对象负责在数据库中存取数据。

视图是应用程序中处理数据显示的部分,通常视图是依据模型数据创建的。

控制器是应用程序中处理用户交互的部分,通常控制器负责从视图读取数据,控制用户输入,并向模型发送数据。

1) MVC 的优点

(1) 耦合性低。MVC 的视图层和业务层分离,这个特性允许更改视图层代码而不用重新编译模型和控制器代码;同样,一个应用的业务流程或规则的改变只需要改动 MVC 的模型层。因为模型是自包含的,而且与控制器和视图相分离,所以很容易改变应用程序的

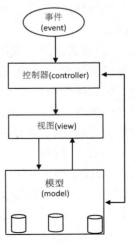

图 2.2 模型—视图—控制器(MVC)

数据层和业务规则。

如果把数据库从 MySQL 移植到 Oracle，或者改变基于关系型数据库（RDBMS）数据源到轻量目录访问协议（LDAP），只需改变模型即可。一旦正确地建立了模型，不管数据来自数据库或是 LDAP 服务器，视图都会正确地显示它们。MVC 的三个部件是相互独立的，改变其中一个不会影响其他两个，所以依据这种设计思想能构造良好的松耦合构件(于艳超 等,2015)。

(2)重用性高。在技术不断进步的同时，需要用越来越多的方式来访问应用程序。MVC 模式允许使用各种不同样式的视图来访问同一个服务器端的代码，因为多个视图能共享一个模型，它包括任何 Web（HTTP）浏览器或者无线浏览器。例如，用户订购某样产品时，可以通过计算机，也可以通过手机，虽然订购的方式不一样，但处理订购产品的方式是一样的。由于模型返回的数据没有进行格式化，所以同样的构件能被不同的界面使用。例如，很多数据可能用 HTML 来表示，但是也有可能用无线应用协议(wireless application protocol，WAP)来表示，而这些表示所需要的命令是改变视图层的实现方式，而控制层和模型层无须做任何改变。由于已经将数据和业务规则从表示层分开，所以可以最大化地重用代码。模型也有状态管理和数据持久性处理的功能，如基于会话的购物车和电子商务过程也能被 Flash 网站或者无线联网的应用程序所重用(杨英杰,2014)。

(3)生命周期成本低。MVC 使开发和维护用户接口的技术含量降低。

(4)部署快。使用 MVC 模式使开发时间得到相当大的缩减，它使程序员(Java 开发人员)集中精力于业务逻辑，界面程序员(HTML 和 JSP 开发人员)集中精力于表现形式上。

(5)可维护性高。分离视图层和业务逻辑层也使得 Web 应用更易于维护和修改。

(6)有利软件工程化管理。由于不同的层各司其职，每一层不同的应用具有某些相同的特征，有利于通过工程化、工具化管理程序代码。还可以使用控制器来连接不同的模型和视图去完成用户的需求，这样控制器可以为构造应用程序提供强有力的手段。给定一些可重用的模型和视图，控制器可以根据用户的需求选择模型进行处理，然后选择视图将处理结果显示给用户(洪华军 等,2010)。

2) MVC 的缺点

(1)没有明确的定义。完全理解 MVC 并不容易。使用 MVC 需要精心的计划，因为其内部原理的复杂性，所以需要花费一些时间去思考。同时由于模型和视图要严格地分离，这样也给调试应用程序带来了一定的困难。每个构件在使用之前都需要经过彻底的测试(任金铜 等,2010)。

(2)不适合小型、中等规模的应用程序。花费大量时间将 MVC 应用到规模并不是很大的应用程序通常会得不偿失。

(3) 增加系统结构和实现的复杂性。对于简单的界面,严格遵循 MVC,使模型、视图与控制器分离,会增加结构的复杂性,并可能产生过多的更新操作,降低运行效率。

(4) 视图与控制器间连接过于紧密。视图与控制器虽然是相互分离的,却也是联系紧密的部件。视图没有控制器的存在,其应用是很有限的,反之亦然。这样就妨碍了它们的独立重用。

(5) 视图对模型数据的访问效率低。依据模型操作接口的不同,视图可能需要多次调用才能获得足够的显示数据。对未变化数据不必要的频繁访问,也将损害操作性能。

(6) 一般高级的界面工具或构造器不支持。改造这些工具以适应 MVC,需要建立分离的部件,代价是很高的,会造成 MVC 使用困难(李丹,2013)。

2. 业务服务器框架 SSH 简介

1) Spring

Spring 是一个解决在 J2EE 开发中许多常见问题的强大框架。Spring 提供了管理业务对象的通用方法,并且鼓励养成面向接口编程而不是面向类编程的良好习惯。Spring 的架构基础是基于使用 Java Bean 属性的控制反转(inversion of control, IoC)容器。然而,这仅仅是完整图景中的一部分:Spring 在使用 IoC 容器作为构建完所有架构层的完整解决方案方面是独一无二的。Spring 提供了唯一的数据访问,包括简单和有效率的 Java 数据库连接(Java database connectivity, JDBC)框架,极大地提升了效率并减少了可能的错误。Spring 的数据访问架构还集成了开放源代码的对象关系映射框架(Hibernate)和其他对象关系映射(object relational mapping)O/R mapping 解决方案。Spring 还提供了唯一的事务管理抽象,它能够在各种底层事件管理技术(如 JTA 或者 JDBC 事件)中提供一个通用的编程模型,Spring 提供了一个用标准 Java 语言编写的面向切面编程框架,它给简单的 Java 对象提供了声明式的事务管理和其他企业业务事务管理——如果用户需要,还能实现用户自己的要求。这个框架足够强大,以至于应用程序能够抛开复杂的 EJB,同时享受着和传统 EJB 相关的关键服务。Spring 还提供了 MVC Web 框架,它足够强大而灵活,可以与 IoC 容器集成(张莹莹 等,2013)。

Spring 的特性如图 2.3 所示。

2) Struts

Struts 是一个基于 Sun J2EE 平台的 MVC 框架,主要是利用 Servlet 和 JSP 技术来实现的。由于 Struts 能充分满足应用开发的需求,且简单易用又敏捷迅速,在过去颇受关注。Struts 把 Servlet、JSP、自定义标签和信息资源(message resources)整合到一个统一的框架中,开发人员利用其进行开发时不用再自己编

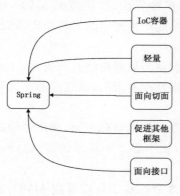

图 2.3 Spring 特性

码,即可实现全套 MVC 模式,极大地节省了时间,所以说 Struts 是一个非常不错的应用框架。Struts 是 MVC 的一种实现,它将 Servlet 和 JSP 标记(属于 J2EE 规范)用作实现的一部分。Struts 继承了 MVC 的各项特性,并根据 J2EE 的特点,做了相应的变化与扩展,减弱了业务逻辑接口和数据接口之间的耦合,让视图层更富于变化(张大庆 等,2013)。

另外,Struts 具有页面导航功能,这样使系统的脉络更加清晰。通过一个配置文件,即可把握整个系统各部分之间的联系,这对于后期的维护有着莫大的好处。尤其是当另一批开发者接手原有项目时,这种优势体现得更加明显。

(1)Struts 1。

在 Struts 1 中,有一个名为 Action Servlet 的服务连接器充当控制器(controller)的角色,还有一个描述模型、视图、控制器对应关系的 struts-config.xml 配置文件,用来转发视图(view)的请求,组装响应数据模型(model)。

关于 MVC 的模型部分,经常划分为两个主要子系统(系统的内部数据状态与改变数据状态的逻辑动作),这两个概念子系统分别具体对应 Struts 1 里的 Action Form 与 Action,需要继承实现超类。在这里,Struts 1 可以与各种标准的数据访问技术结合在一起,包括 EJB、JDBC 与 JNDI。

在 Struts 1 的视图端,除了使用标准的 JSP 以外,还提供了大量的标签库,同时也可以与其他表现层组件技术(产品)进行整合,如 Velocity Templates、XSLT 等(Liu et al.,2010)。

通过应用 Struts 1 的框架,用户最终可以把大部分的关注点放在自己的业务逻辑(Action)与映射关系的配置文件(struts-config.xml)中。

(2)Struts 2。

Struts 2 是 Struts 的进化版产品,是在 Struts 1 和 Web Work 的技术基础上进行了合并的全新框架。Struts 2 全新的体系结构与 Struts 1 的体系结构差别巨大。Struts 2 以 Web Work 为核心,采用拦截器的机制来处理用户的请求,这样的设计也使得业务逻辑控制器能够与 Servlet API 完全脱离开,所以 Struts 2 可以理解为 Web Work 的更新产品(Pan et al.,2013)。

Struts 2 的体系结构如图 2.4 所示。

3)Hibernate

Hibernate 对 JDBC 进行了非常轻量级的对象封装,使得 Java 程序员可以随心所欲地使用对象编程思维来操纵数据库。Hibernate 可以应用在使用 JDBC 的任何场合,它既可以在 Java 客户端程序使用,也可以在 Servlet/JSP 的 Web 应用中使用。最具革命意义的是:Hibernate 可以在应用 EJB 的 J2EE 架构中取代容器管理持久化模型(CMP),承担数据持久化的重任(Yuan et al.,2012)。

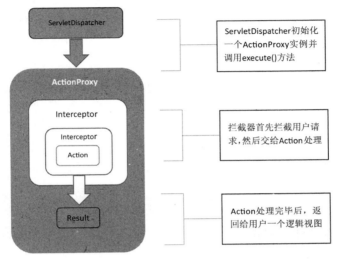

图 2.4 Struts 2 的体系结构

Java 三大框架用来做 Web 应用。Spring 利用它的控制反转(IoC)和面向切面偏转(AOP)来处理控制业务(负责对数据库的操作);Struts 主要负责表示层的显示;Hibernate 主要承担的是数据在数据库中的持久化。

在用 JSP 的 Servlet 做网页开发时有个 web.xml 映射文件,里面的 mapping 标签就是用来做文件映射的。

当用户在浏览器上输入统一资源定位符(uniform resource locator,URL)地址时,文件就会根据用户写的名称对应到一个 Java 文件,根据 Java 文件里编写的内容显示在浏览器上,就是一个网页。所以网页名字是随便起的,不管是.php、.jsp、.do,还是其他,都对应这个 Java 文件。这个 Java 文件里的代码是什么就进行什么操作,显示一句话还是连接数据库或是跳转到其他页面等,这个 Java 文件把数据进行封装,起到安全和便于管理的作用。其实这个 Java 文件编译过来是.class 的一个字节码文件,没有一个类似 HTML 嵌入标签和代码的网页文件。它与 JSP 文件区别就是 JSP 把代码嵌入 HTML 标签(Yuan et al.,2010)。

Hibernate 的核心构成如图 2.5 所示。Hibernate 的基本执行流程如图 2.6 所示。

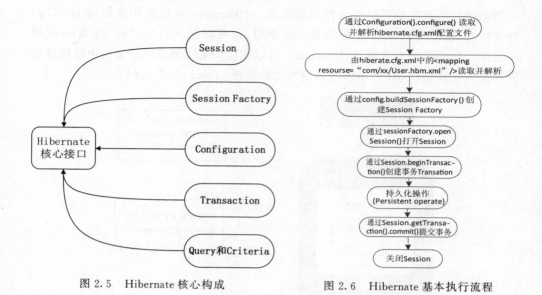

图 2.5　Hibernate 核心构成　　　　图 2.6　Hibernate 基本执行流程

2.2.4　GIS 应用服务器

GIS 应用服务器是 WebGIS 架构的核心组件,主要用来接收地图请求,动态生成地图图片或地理信息并返回给客户端。目前 GIS 应用服务器种类繁多,如表 2.3 所示。

表 2.3　常用 GIS 服务器比较

名称	是否支持 WPS	是否开源	其他
ArcServer	不支持	否	拥有大量的地球科学数据处理(geoprocessing,GP)服务
Deegree	支持	是	精于空间处理与管理
MapServer	不支持	是	精于地图制图
GeoServer	支持	是	OpenLayers 集成良好

1. MapServer

地图应用服务器(MapServer)是一个基于 C 语言的开源地理数据渲染引擎,用来构建 WebGIS 应用的开源开发环境。虽然它并非一套全能的 GIS,但特别擅长于在 Web 上发布空间数据,以及在 Web 上与地图程序进行交互,在服务器端实时地将地理空间数据处理成地图发送给客户端。MapServer 目前是开源空间信息基金会(OSGeo)的一个项目,由世界各地大约 20 名开发人员进行维护。MapServer 于 20 世纪 90 年代中期诞生在明尼苏达大学,使用 MIT 许可证即可使该程序运行在各主要操作系统(Windows、Linux 和 MacOS X)之上。MapServer

拥有强大的制图功能,支持包括 PHP、Python、Perl、Ruby、Java 和 .NET 在内的开发环境。当然 MapServer 也完全支持 WMS、WFS、WMC、WCS 等 OGC 标准。MapServer 支持的数据类型也相当广泛,如 Esri Shapefile、PostGIS、ArcSDE、Oracle Spatial 和 MySQL 等,MapServer 使用了几个知名的开放源代码软件完成数据格式转换、地图投影转换、空间数据库的大数据量处理等,而它本身专注于地图绘制、地图图形格式、接口环境、兼容 OGC 互操作规范等方面。MapServer 的设计体现了开放源代码技术几十年所沉淀的哲学智慧与编程经验,得到了广泛的应用(Chen et al.,2013)。

2. GeoServer

与 ArcIMS 和 ArcGIS Server 这两个商业软件不同,GeoServer 是一个由 Java 编写的开源 GIS 服务器,其底层基于开源 GIS 工具集 Geotools,允许用户进行显示、共享和编辑地理数据等操作。由于一开始就考虑到互操作性,因此它支持任何使用了公开标准的空间数据。作为一个开源项目,GeoServer 的开发、测试和技术支持全部由来自世界各地的个人和机构志愿者负责。它完全支持 OGC 的 WFS、WCS 和 WMS 等标准;支持 PostGIS、ArcSDE、Oracle、MySQL 和 MapInfo 等数据库;支持上百种投影,能将网络地图输出为 JPEG、GIF、PNG、SVG 和 KML 等格式。GeoServer 基于 OpenGIS Web 服务器规范 J2EE 实现,可以运行在任何基于 J2EE/Web 的容器之上(Li et al.,2011),如图 2.7 所示。

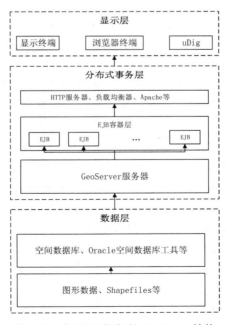

图 2.7　有 J2EE 框架的 GeoSever 结构

1)网络地图服务

网络地图服务(WMS)利用具有地理空间位置信息的数据制作地图。其中,将地图定义为地理数据可视的表现。这个规范定义了三个操作:

(1)GetCapabilities 为返回服务级元数据,它是对服务信息内容和要求参数的一种描述。

(2)GetMap 为返回一个地图影像,其地理空间参考和大小参数是明确定义的。

(3)GetFeatureInfo(可选)为返回显示在地图上的某些特殊要素的信息。

2)网络要素服务

网络地图服务返回的是图层级的地图影像,网络要素服务(WFS)返回的是要素级的地理标记语言(GML)编码,并提供对要素的增加、修改、删除等事务操作,是对网络地图服务的进一步深入。OGC 网络要素服务允许客户端从多个网络要素服务中取得使用 GML 编码的地理空间数据,定义了五个操作:

(1)GetCapabilities 为返回网络要素服务性能的描述文档(用 XML 描述)。

(2)DescribeFeatureType 为返回描述可以提供服务的任何要素结构的 XML 文档。

(3)GetFeature 为获取要素实例的请求提供服务。

(4)Transaction 为事务请求提供服务。

(5)LockFeature 用于处理在一个事务期间对一个或多个要素类型实例上锁的请求。

带事务的 WFS(web feature service-transactional,WFS-T)允许用户使用可传输的块编辑地理数据。

3)网络覆盖服务

网络覆盖服务(WCS)面向空间影像数据,它将包含地理位置值的地理空间数据作为"覆盖(coverage)",并在网上相互交换。网络覆盖服务由三种操作组成:

(1)GetCapabilities 为返回描述服务和数据集的 XML 文档。

(2)GetCoverage 为确定在 GetCapabilities 中什么样的查询可以执行、什么样的数据能够获取之后执行,它使用通用的覆盖格式返回地理位置的值或属性。

(3)DescribeCoverageType 允许客户端请求由具体的 WCS 服务器提供任意覆盖层的完全描述。

总之,GeoServer 是地图显示在网页的工具之一,用户可以缩放并且移动。GeoServer 可以与一些客户端联合使用,如 MapBuilder、uDig、gvSIG 等。对标准的使用允许信息从 GeoServer 到其他地理信息,可以很容易地被结合。

3. Deegree

Deegree 是通过对 OGC 和国际标准化组织地理信息技术委员会(ISO/TC211)标准的实现,为空间数据应用程序基础结构的构建提供坚固的"积木"。整个 Deegree 体系基于 OGC 规范与概念,因而可与其他厂商提供的标准产品(如 Esri 公司的 ArcIMS)相结合。Deegree 提供了一些基于 OGC 的服务,如 WMS、WFS、WCS、WFS-G、WTS、WCTS 和 WCAS(Chen et al. ,2013)。

4. gvSIG

gvSIG 是桌面 GIS 和开发 GIS 的工具,它拥有诸如空间数据分析、地图编辑、地图设计等功能。gvSIG 基于通用公共许可证(general public licence,GPL)发布,所以能快速读取常用的栅格数据或矢量数据格式,如 Shapefile、DXF、DWG、DGN、ECW、TIFF、JPG 等。gvSIG 遵循 OCG 标准读取本地数据,并通过 WMS、WFS 和 WCS 读取远程数据(Zhang et al. ,2011)。

2.2.5 数据库

1. MySQL

MySQL 是一个小型关系型数据库管理系统,目前 MySQL 被广泛地应用在中小型网站中。因为其体积小、速度快、总体拥有成本低,尤其由于其开放源代码这一特点,许多中小型网站为了降低网站总体拥有成本而选择了 MySQL 作为网站数据库。MySQL 的官方网站是 www.mysql.com。

MySQL 的特性有:

(1)使用 C 和 C++ 编写,并使用了多种编译器进行测试,这保证了源代码的可移植性。

(2)支持 AIX、FreeBSD、HP-UX、Linux、MacOS、Novell Netware、OpenBSD、OS/2 Wrap、Solaris、Windows 等多种操作系统。

(3)为多种编程语言提供了应用程序接口(application programming interface,API)。这些编程语言包括 C、C++、Python、Java、Perl、PHP、Eiffel、Ruby 和 Tcl 等。

(4)支持多线程,充分利用中央处理器(CPU)资源。

(5)已优化的 SQL 查询算法或优化过的 SQL 查询算法可以有效地提高查询速度。

(6)既能够作为一个单独的应用程序应用在客户端服务器网络环境中,也能够作为一个库而嵌入到其他的软件中,并提供多语言支持。

(7)提供 TCP/IP、开放式数据库互连(ODBC)和 JDBC 等多种数据库连接途径。

(8)提供用于管理、检查、优化数据库操作的管理工具。

(9)可以处理拥有上千万条记录的大型数据库。

2. PostgreSQL

PostgreSQL 是一种对象关系型数据库管理系统,它特性丰富,其中的一些特性甚至连商业数据库都不具备。在 PostgreSQL 中定义了一些基本的空间几何类型,包括点(point)、线(line)、线段(path)、多边形(polygon)和圆(circle)等,还定义了一些函数和空间操作符,用以实现对空间数据库的操作运算。其缺点是没有空间投影变换和空间分析,缺乏复杂的空间类型(Chen et al.,2012)。

3. PostGIS

PostGIS 是一个功能强大的开源空间数据库,它是在 PostgreSQL(对象关系型数据库管理系统)的基础上开发,继承了 PostgreSQL 的扩展性能的同时,增加了存储空间数据的能力,提供了一个强大的空间数据库解决方案。PostGIS 是由 Refractions Research Inc 开发的,所以它支持所有的空间数据类型与一系列重要的 GIS 函数,包括完全的 OpenGIS、拓扑结构,以及用于查看、编辑 GIS 数据的桌面用户相关工具和基础网络访问工具。PostGIS 提供的空间信息服务功能有:空间对象、空间索引、空间操作函数和空间操作符。作为 PostgreSQL 对象关系数据库系统的扩展模块,PostGIS 支持 GIS 空间数据的存储,PostGIS 遵循 OGC 标准 SQL 选项部分的 Simple Feature 模块(Sun et al.,2013)。

PostGIS 在 PostgreSQL 的基础上增加了以下功能:

(1)支持更为复杂的空间数据类型,包括:多点(multipoint)、多线(multilinestring)、多个多边形(multipolygon)和集合对象(geometry collection)等。同时还支持所有的对象表达方法,如 WKT(OGC well-known text)和 WKB(OGC well-known binary)等(Castro et al.,2012)。

(2)支持所有数据存取和构造方法,如 GeomFromText( )、AsBinary( )、GeometryN( )等。

(3)提供许多空间分析函数,如 Area、Length 和 Distance 等。

(4)提供对元数据的支持及相应的支持函数,如 GEOMETRY_COLUMNS 和 SPATIAL_REF_SYS 等,以及 AddGeometryColumn 和 DropGeometryColumn 等。

(5)提供了一系列二元谓词,用于检测空间队形的拓扑关系,并且返回布尔值,如 Within、Contain、Touches 和 Overlaps 等。

(6)提供了空间操作符,如 Union 操作符(融合多边形之间的边界)。

(7)提供了数据库坐标转换、三维几何类型存储和转换、空间聚集函数及栅格数据储存(Li et al.,2012)。

常用数据库软件比较如表 2.4 所示,不同 Web 实现模式优劣对比如表 2.5 所示。

表 2.4 常用数据库软件比较

数据库名称	是否开源	是否跨平台	空间数据引擎
Access	否	否	—
Oracle	否	是	Oracle Spatial
SQL Server	否	否	—
MySQL	是	是	Spatial Extention
PostgreSQL	是	是	PostGIS

第 2 章 有关 WebGIS 的开源技术

表 2.5 几种 Web 实现模式优劣对比

性能		CGL	Server API	Plug-in	ActiveX	Java Applet
执行能力	客户端	很好	很好	好	好	好
	服务器	差至好	好	好	很好	很好
	互联网	差	好	好	好	好
	总体	一般	好	好	好至很好	好至很好
互操作性	用户界面	差	好	好	很好	很好
	功能支持	一般	好	好	很好	很好
	本地数据支持	否	否	是	是	否
跨平台性		很好	差	一般	好	—
安全性		很好	一般	一般	好	—

§2.3 主要开源客户端

2.3.1 MapBuilder

MapBuilder 用 JavaScript 实现了 Web Map Context 规范,能够显示和控制来自不同网络地图服务的地图。

2.3.2 MapBuilder-lib

MapBuilder-lib 是基于浏览器的 Ajax 网络映射客户端。MapBuilder-lib 具有模块化设计、可扩展的组件和数据源、快速的客户端反应等特点,具体包括的客户端有:WMS MapViewer、WMS Time Series、MapViewer、Geographic Feature Viewer(使用 GML 与 WFS 技术)、Geographic Feature Editor,以及上传到基于 Web 的地理数据库(WFS-T)、Web Map Context Editor(Berlingerio et al.,2013)。

2.3.3 QuickWMS

QuickWMS 是 JavaScript 语言的开发包。QuickWMS 能够使用 JavaScript 语言快速创建网络地图客户端,连接依据 OpenGIS Web Mapping 规范的网络地图服务器。

2.3.4 msCross

msCross 作为 UMN Mapserver 的一个 JavaScript 接口,主要目的是帮助开发人员创建类似于 Google Maps 的 WebGIS 应用软件。支持多种浏览器、WFS 和

WMS 协议。

2.3.5 MapEasy

MapEasy 是用 JavaScript 语言开发的客户端 JavaScript 库,以网络地图的方式实现了放大、缩小、地图切换和漫游等 GIS 基本功能和一些地图覆盖物对象标注。

2.3.6 KaMap

KaMap 是 JavaScript 实现的 Ajax Web Map 客户端,包括基于 MapServer 的服务端支持代码,客户端显示流畅,但和 MapServer 关联很紧。KaMap 由于客户端和服务端代码关联太紧,不是纯粹的 WMS 客户端。

2.3.7 OpenLayers

OpenLayers 是由 MetaCn 公司开发的,用于 WebGIS 客户端的 JavaScript 包,通过 BSD 许可证发行。它使访问地理空间数据的方法都符合行业标准,如 OpenGIS 的 WMS 和 WFS 规范。OpenLayers 采用纯面向对象(OO)的 JavaScript 方式开发,在目前主流的浏览器上均可正常运行,利用 Ajax 技术实现了地图页面的无刷新浏览,同时借用了 Prototype 框架和 Rico 库的一些组件。用 OpenLayers 作为客户端,不存在对浏览器的依赖性。OpenLayers 采用 JavaScript 语言实现,而应用于 Web 浏览器中的文档对象模型(DOM)也由 JavaScript 实现。同时,Web 浏览器(如 IE、Firefox 等)都支持 DOM。OpenLayers API 采用动态类型脚本语言编写,实现了类似于 Ajax 功能的无刷新更新页面,能够带给用户丰富的桌面体验。除提供一般的地图浏览功能外,OpenLayers 还支持多种数据源,且无须安装插件,简单实用且支持的功能丰富,被广为采用,如原国家测绘地理信息局研发的"天地图"就是采用 OpenLayers 做的客户端实现。OpenLayers 所能够支持的格式有:XML、GML、GeoJSON、GeoRSS、JSON、KML、WFS、WKT。OpenLayers 所能够利用的地圈数据资源"丰富多彩",在这方面提供给用户较多的选择,如 WMS、WFS、GoogleMap、MSVirtualEarth、WorldWind 等(Eagle et al.,2010)。

第 3 章　一个基于开源技术的地图应用

前两章讲述了 WebGIS 开源技术的现状,本章通过一个简单的例子具体阐述基于开源技术的地图应用。

本章将以 Mapbox 在线地图为底图,首先直接调用地图在前端绘制,然后编写一个 Servlet 服务,读取 Oracle 数据库中的地理坐标数据,以 JSON 形式传递到前台,并将其绘制到前端,进行前、后端的交互。

§3.1　Mapbox 简介

Mapbox 最初是与开源地图(OpenStreetMap,OSM)合作的开源项目,后来开始独立发展,它基于定制地图思想设计,可以免费创建并提供定制地图服务,如街道地图、地形地图、卫星地图,目标是构建世界上最漂亮的地图。

如果放大卫星地图,我们可以发现接缝,以及地表颜色的突然变化(图 3.1)和某些非常模糊的区域。这是因为这些数据是来自不同源的图片拼接起来的。对于 Mapbox,消灭瑕疵是一种使命。Mapbox 由分析师 Chris Herwig 带领,2012 年 12 月研发了第一版卫星地图。2014 年 2 月,Mapbox 雇用了图形专家 Charlie Loyd,以帮助完善产品。Mapbox 使用的数据来自美国国家航空航天局(NASA)的 LANCE-MODIS 数据系统,图像捕获自 2011 年 1 月 1 日到 2012 年 12 月 31 日,包括 33 900 个 16 万像素的卫星图片,总共超过 5 687 476 224 000 个像素,而 Mapbox 将其缩减到大概 50 亿个像素。Mapbox 获得 NASA 提供的数据后,处理掉云层、太阳耀光和大气雾霾。通常的做法为:选择某个区域天气最好的时刻,将图片拼接;然后采用特别的方法,将某一地区的所有图片叠加;最后依据清晰度重新排列每一行的像素,选出最清晰的像素,使其成为地图上的固定像素。除了清晰度,Mapbox 还考虑地层上的颜色。用技术确保图片展示的是植物生长最旺盛的时刻,每个像素都是空中摄像头捕获的真实像素,但又是完全合成的。Mapbox 的目标是:一个理想化的无云层星球,并处于永恒的夏季(Wesolowski et al.,2012)。

Mapbox 提供了预置方案供用户选择,用户可以选择调整区域、水域、陆地、建筑物、街道等的色彩搭配,并能够在某点放置可供选择大小、色彩和图标(如代表餐馆的"刀叉"、停车点的"P"图案等)的滴水状指针,且能为标记添加标题和内容描述;还可以添加地图控件基本功能,包括滚动缩放控制、提示框、图例、分享按钮、地名搜索、带宽监测等;用户还可以用 TileMill 设计并添加新图层。TileMill 是 Mapbox的前身,它是像 PhotoShop 一样的图形设计开源软件,支持在新图层上自行设计颜色、字体、图案、光栅、可缩放矢量图形等,还支持添加图表图形、提示信息等(陈继东 等,2007)。

图 3.1　Google 卫星地标颜色突变

广大 GIS 及相关行业的开发者可以使用 Mapbox 提供的应用程序接口(API)或软件开发工具包(software development kit,SDK)将设计好的定制地图嵌入到相关应用中。这样的个性地图定制服务,对于商业用户有极大的吸引力,因为它关乎品牌,Mapbox 的总裁 Eric Gundersen 称其为"Design really matters"。

Mapbox 的用户曾有美国国家公共电台、卫报、绿色和平组织和美国联邦通信委员会,现在包括 Foursquare、Evernote、Hipmunk、联合国、USA Today(2012 年总统大选使用 Mapbox 服务于实时区域地图投票统计)、Bass Pro Shops(户外用品)、天气服务和教育服务等 900 多家大小商业付费用户。Mapbox 收费的基本方式为按照地图使用和点击次数来计量收费。

图 3.2~图 3.4 是 Foursquare 和另外一家欧洲用户使用 Mapbox 的示例,它们都将地图的配色和样式设计与自己的品牌特征相呼应,这保证了整个产品从功能服务到市场推广的一致性,面向消费者的品牌印象和辨识度也得到提高。Mapbox还能为用户提供数据分析报告,如一张统计了 Foursquare 用户签到密度的漂亮地图,让地图为品牌服务(Lai et al.,2007)。

第 3 章 一个基于开源技术的地图应用

图 3.2 Mapbox 用户示例 1

图 3.3 Mapbox 用户示例 2

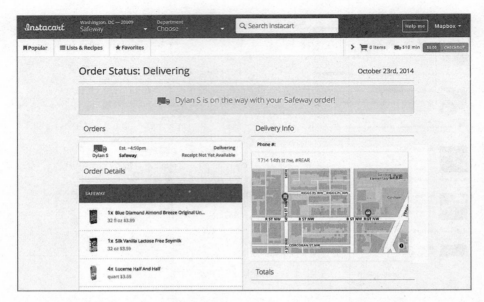

图 3.4　Mapbox 用户示例 3

作为重中之重的地图数据，Mapbox 的免费来源为地图界"维基百科"（wikipedia）——开源地图（OSM）。由于 Mapbox 是基于开源的思想，不可能去购买数据或者像 Google 那样开着采集车收集数据，所以 OSM 是最好的数据来源。OSM 是一个网上地图协作计划，目标是创建一个内容自由且让所有人都可以编辑的世界地图，就如同数字地图里的维基百科，数据来自草根阶层和世界各个角落的地图爱好者，并得到一些政府和相关组织的推动，所以它可以覆盖世界大部分的主要地区，甚至其他同类产品没有覆盖到的发展中国家。OSM 的数据每天都在快速地变得丰富、精确，目前包括苹果和微软在内都在使用（Liu et al.，2008）。

Mapbox 在使用 OSM 数据的同时，也是 OSM 社区及生态系统的重要贡献者。OSM 自己的地图编辑工具非常复杂难用，这在一定程度上降低了编辑的参与度和数据的精确度。Mapbox 为此专门开发了一个叫作 iD 的地图编辑工具（图 3.5），提供友好的设计界面，画路、标识房屋建筑、修改或者删除原有数据等操作变得非常简单，还能让编辑联系前任编辑讨论想做的修改（Shiode et al.，2009）。

Mapbox 可以进行地图定制，在本章中将进行简单演示。图 3.6 为 Mapbox 提供的选择样式，图 3.7 为基本样式。

第 3 章　一个基于开源技术的地图应用　　23

图 3.5　ID 开发工具

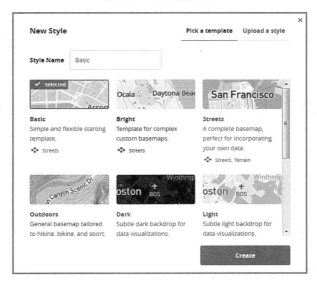

图 3.6　可供选择样式

图 3.7　基本样式

§3.2　基于 Mapbox 地图的测距功能

本节通过调用 Mapbox 在线地图实现地图上的测距功能。通过简单的例子展示基于开源技术的地图应用。

3.2.1　基于前端技术的测距功能实现

在本小节中，直接调用 Mapbox 地图实现测距功能。其中，标记物的地理坐标直接嵌在代码中。最终效果如图 3.8 所示。

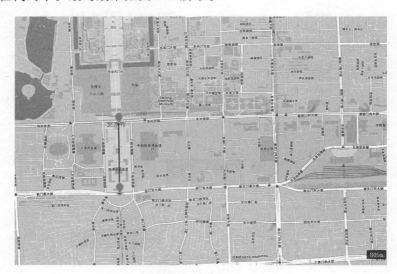

图 3.8　最终效果

首先，生成一个网页文件，代码如下：

```html
<!DOCTYPE html>
<html>
<head>
<meta charset=utf-8/>
<title>标题</title>
<style>
//标签样式
</style>
</head>
<body>
<script>
        //逻辑函数
</script>
</body>
</html>
```

由于调用的是 Mapbox 在线地图，所以需引入相应的库文件和样式文件，引用地址为：

```
<script src='https://api.mapbox.com/mapbox.js/v2.4.0/mapbox.js'></script>
<link href='https://api.mapbox.com/mapbox.js/v2.4.0/mapbox.css' rel='stylesheet' />
```

同时，在地图操作中用到了 jQuery 库，本书已经将库文件下载到了本地，只需引入即可，引用形式为：

```
<script type="text/javascript" src="./jquery.min.js"></script>
```

这时，需要设置网页样式，现将 body 设置为页脚和边距均为 0，代码如下：

```css
body {
  margin:0;
  padding:0;
}
```

同样地，设置地图标签为绝对定位，宽度为屏幕宽度，代码如下：

```css
#map {
  position:absolute;
```

```
   top:0;
      bottom:0;
      width:100% ;
   }
```

建立 id 为 map 的 div 标签存放地图控件,并建立 id 为 distance 的 pre 标签,pre 元素可定义预格式化的文本。在 pre 元素中的文本通常会保留空格和换行符,而文本也会呈现为等宽字体。将 pre 的 class 属性设置为 ui-distance,且样式设置代码如下:

```
   pre.ui-distance {
      position:absolute;
      bottom:20px;
      right:10px;
      padding:5px 10px;
      background:rgba(0,0,0,0.5);
      color:# fff;
      font-size:20px;
      line-height:18px;
      border-radius:3px;
   }
```

现在开始添加地图控件。在此之前,需要建立 Mapbox 账户并复制激活码。代码如下:

```
   L.mapbox.accessToken = ' < your access token here> ';
```

此处,选择样式为 mapbox.streets,且定位到北京市,坐标为[39.9,116.4],缩放等级为 12 级,代码如下:

```
   var map =  L.mapbox.map('map','mapbox.streets').setView([39.9, 116.4], 12);
```

再进行标记点设置。标记的颜色设置为 ff8888,将其添加到地图中,单击时能够弹出"起点"字样,代码如下:

```
   var fixedMarker = L.marker(new L.LatLng(39.906, 116.3915), {
       icon: L.mapbox.marker.icon({
       'marker-color': 'ff8888'
      })
   }).bindPopup('起点').addTo(map);
```

定义变量fc获取fixedMarker的坐标,代码如下:

```
var fc = fixedMarker.getLatLng();
```

定义一个featureLayer添加到地图上,代码如下:

```
var featureLayer = L.mapbox.featureLayer().addTo(map);
```

对地图添加单击事件,用来获取鼠标位置的经纬度,组成geojson对象,并添加到地图上。新建container对象,其内容为fc与c之间的距离,函数为fc.distanceTo(c),保留整数位,单位为米(m),代码如下:

```
map.on('click', function(ev) {
    var c = ev.latlng;
    var geojson = [
      {
        "type": "Feature",
        "geometry": {
          "type": "Point",
          "coordinates":[c.lng, c.lat]
        },
        "properties": {
          "marker-color": "#ff8888"
        }
      }, {
        "type": "Feature",
        "geometry": {
          "type": "LineString",
          "coordinates": [
            [fc.lng, fc.lat],
            [c.lng, c.lat]
          ]
        },
        "properties": {
          "stroke": "#000",
          "stroke-opacity": 0.5,
          "stroke-width": 4
        }
      }
    ];
```

```
featureLayer.setGeoJSON(geojson);
var container = document.getElementById('distance');
container.innerHTML = (fc.distanceTo(c)).toFixed(0) + 'm';
}
```

至此,完成了前端的测距功能设置。

初始化界面如图3.9所示。通过鼠标左键单击页面上任意两个位置,可以进行两个标记点之间的距离量测,结果以米(m)为单位。图3.10为标记结果,其中,从天安门到前门的距离为806m,在右下角进行显示。

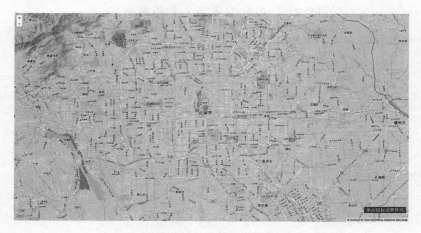

图3.9 初始化界面

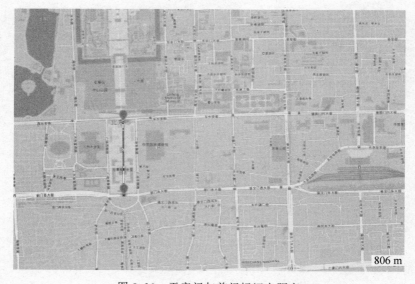

图3.10 天安门与前门标记点距离

3.2.2 基于前后台交互技术的测距功能实现

由 3.2.1 小节中可以看到,fixedMarker 的坐标直接写在了页面中。在本小节中,将通过编写一个 Servlet 服务将其经纬度坐标从 Oracle 数据库中取出,并通过 Ajax 请求传递到前台,然后进行解析 JSON 数据,最终呈现出来(Hwang et al., 2006)。

首先,需要建立数据库用户 test,并新建表 LON_LAT,字段包括 lon 和 lat(软件界面中字母为大写),如图 3.11 所示。

图 3.11 数据库结构

其次,在 Myclpise 中新建 Web 工程,工程名为 GetData。将 Oracle 引擎包 ojdbc.jar 引入。

在工程文件夹下新建 com 包,建立 Data 对象,新建 lon 和 lat 字段,并创建 get 和 set 方法,代码如下:

```
package com;

publicclass Data {
private String lon;
private String lat;
public String getLat() {
returnlat;
}
publicvoid setLat(String lat) {
this.lat = lat;
}
public String getLon() {
returnlon;
}
publicvoid setLon(String lon) {
this.lon = lon;
}
}
```

新建 StartUp 类为主函数,创建 doGet( )和 doPost( )方法,代码如下:

```
package com;

import java.io.*;
import java.util.*;
import javax.servlet.*;
import javax.servlet.http.*;
import java.sql.*;
import com.Data;

publicclassStartUpextends HttpServlet{
publicvoid doGet (HttpServletRequest request, HttpServletResponse response)throws ServletException, IOException {
doPost(request,response);
}
    publicvoid doPost (HttpServletRequest request, HttpServletResponse response)
throws ServletException, IOException {
try{
  }catch(Exception e){
  e.printStackTrace();
  }
}
}
```

在 doPost()中重写方法,将数据库中的字段取出并转成 JSON 格式。连接数据库语句为:

```
String driverName = "oracle.jdbc.OracleDriver";
                                //加载驱动
String dbURL = "jdbc:oracle:thin:@ 10.100.50.119:1521:ORCL";
                                //
String userName = "test";       //默认用户名
String userPwd = "123";         //密码
```

在 try 中写入代码:

```
Class.forName(driverName);
dbConn = DriverManager.getConnection(dbURL, userName, userPwd);
```

创建 json、sql、rs 变量,代码如下:

```
String json= "";
Statement sql;
ResultSet rs;
```

建立 result 集合存放结果,并通过 set( )方法将结果转成 JSON 格式数据,代码如下:

```
sql= dbConn.createStatement();
List< Data> result = new ArrayList< Data> ();
    rs= sql.executeQuery("SELECT * FROM LON_LAT");
while(rs.next()){
Data data = new Data();
String lon = rs.getString(1);
String lat = rs.getString(2);
data.setLon(lon);
data.setLat(lat);
result.add(data);
}
    String longtitude = result.get(0).getLon();
    String latitude = result.get(0).getLat();
    json + = "{\"lon\":\""+ longtitude+ "\",\"lat\":\"" + latitude+ "\"}";
    String resultJson = "["+ json+ "]";
    out.println(callback+ "("+ resultJson+ ")");
dbConn.close();
```

完整的方法如图 3.12 所示。

在 WebRoot 下,将 web.xml 进行配置,代码如下:

```
< servlet>
< servlet-name> StartUp< /servlet-name>
< servlet-class> com.StartUp< /servlet-class>
< /servlet>
< servlet-mapping>
< servlet-name> StartUp< /servlet-name>
< url-pattern> /com/StartUp< /url-pattern>
< /servlet-mapping>
```

运行服务器,访问地址为 http://localhost:8080/GetData/com/StartUp?callback=?,得到结果如图 3.13 所示。

至此，后台 Servlet 服务编写完成。下面进行前端编写。

```java
String json="";
Statement sql;
ResultSet rs;

String driverName = "oracle.jdbc.OracleDriver";       //加载ORCL驱动
String dbURL = "jdbc:oracle:thin:@10.100.50.119:1521:ORCL";  //
String userName = "test";     //默认用户名
String userPwd = "123";       //密码

Connection dbConn;
String callback = request.getParameter("callback");
PrintWriter out = response.getWriter();

try{
    Class.forName(driverName);
    dbConn = DriverManager.getConnection(dbURL, userName, userPwd);
    sql=dbConn.createStatement();
    List<Data> result = new ArrayList<Data>();
    rs=sql.executeQuery("SELECT * FROM LON_LAT");
    while(rs.next()){
        Data data = new Data();
        String lon = rs.getString(1);
        String lat = rs.getString(2);
        data.setLon(lon);
        data.setLat(lat);
        result.add(data);
    }
    String longtitude = result.get(0).getLon();
    String latitude = result.get(0).getLat();
    json += "{\"lon\":\""+longtitude+"\",\"lat\":\"" +latitude+ "\"}";

    String resultJson = "["+json+"]";
    out.println(callback+"("+resultJson+")");
    dbConn.close();

}catch(Exception e){
    e.printStackTrace();
}
```

图 3.12　doPost( )方法

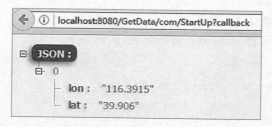

图 3.13　调取接口结果

与后台类似，新建 HTML 文档，建立样式，引入 js 文件，建立地图；不同的是，引入地理位置时发生变化。

新建 latlng、lonlng 存放经纬度，调用 Ajax 请求，请求方式为 Get，url 为刚才的接口，成功后执行函数。存放经纬度代码如下：

```
latlng = data[0].lat;
lonlng = data[0].lon;
```

这时，fixedMarker 读取坐标的形式变为 L.LatLng(latlng，lonlng)，其余不变，和后台一样。逻辑代码如下：

```
< script >
        L.mapbox.accessToken = '{}';
        var map = L.mapbox.map('map', 'mapbox.streets')
            .setView([39.9, 116.4], 12);
        var latlng,lonlng;
        $.ajax({
            type:"GET",
                url:" http://10.100.50.119:8080/GetData/com/StartUp?callback=?",
            dataType:"json",
            success: function(data){
                latlng = data[0].lat;
                lonlng = data[0].lon;
                var fixedMarker = L.marker (new L.LatLng (latlng,lonlng), {
                    icon: L.mapbox.marker.icon({
                        'marker-color': 'ff8888'
                    })
                }).bindPopup('起点').addTo(map);
                var fc = fixedMarker.getLatLng();
                var featureLayer = L.mapbox.featureLayer().addTo(map);
                map.on('click', function(ev) {
                    var c = ev.latlng;
                    var geojson = [
                      {
                        "type": "Feature",
                        "geometry": {
                          "type": "Point",
                          "coordinates":[c.lng, c.lat]
                        },
                        "properties": {
                          "marker-color": "#ff8888"
                        }
                      }, {
                        "type": "Feature",
                        "geometry": {
                          "type": "LineString",
                          "coordinates":[
                            [fc.lng, fc.lat],
```

```
                    [c.lng, c.lat]
                ]
            },
            "properties": {
                "stroke": "#000",
                "stroke-opacity": 0.5,
                "stroke-width": 4
            }
          }
        ];
        featureLayer.setGeoJSON(geojson);
        var container = document.getElementById('distance');
            container.innerHTML = (fc.distanceTo(c)).toFixed(0) + 'm';
        });
      }
    })
</script>
```

最终展示结果与前端一样。

第4章 前端地图的开发

§4.1 地图相关概念

4.1.1 地图投影及坐标系

1. 地图投影

地图投影是指运用一定的数学法则,将地球椭球面的经纬线网投影到平面上的方法,即将椭球面上各点的地球坐标变换为平面相应点的直角坐标的方法。由于地球是一个赤道略宽、两极略扁的不规则的梨形球体,其表面是一个不可展平的曲面,运用任何数学方法进行变换都会产生误差和变形。每一幅地图都有不同程度的变形,在同一幅地图上,不同区域的变形大小也不相同。地图上表示的范围越大,离投影标准经纬线或者投影中心的距离越远,此区域的整体变形也越大。为了按照不同的需求减小误差和变形,就产生了各种投影方法(Lin et al.,2008)。

1) 按照形变的性质分类

地图投影一般可以分为三类:等角投影、等积投影、等距投影。

等角投影,指投影面上两条方向线所夹的角度与球面上对应的两条方向线所夹的角度相等。球面上小范围内的地物轮廓经过投影之后,仍保持形状不变,因此,等角投影又称为相似投影和正形投影。若用变形椭圆解释,微分圆投影后仍然是一个圆,长半径(a)、短半径(b)和微分圆半径(r)的关系是:$a=b<r$ 或 $a=b>r$。等角投影还有以下特征:不能保持其对应的面积成恒定的比例,图上任意点的各个方向上的局部比例尺是相等的,不同地点的局部比例尺是随着经纬度的变动而改变的。等角投影多适用于交通图、洋流图等。

等积投影,指地球椭球面上的面状地物轮廓经过投影之后,仍保持面积不变,即投影平面上的地物轮廓图形面积与球面上相对应的地物占地面积相等。若用变形椭圆解释,变形椭圆的最大半径与最小半径互为倒数关系:$a \cdot b=r, a=r/b$ 或 $b=r/a$。因此,在同一地图上,不同区域的变形相差很大,等积投影是以破坏图形的相似性,以确保面积上的相等。此类地图适用于对面积精度要求较高,需要进行面积对比的专题地图,如行政区划地图、人口图、森林图和矿产资源分布图。

等距投影,是指沿某一特定的直线方向的(如沿经线方向或交于同一点的大圆方向)长度没有变形。它并不是指所有方向都保持距离不变,用变形椭圆解释,必定有一个椭圆半径等于微分圆的半径:$a=r$或$b=r$。等距投影广泛用于编制飞行基地、导弹发射中心的地图(Song et al.,2010)。

2)按照投影的几何原理分类

按照投影的几何原理分类,可以把地图投影分为方位投影、圆柱投影和圆锥投影。方位投影,是以平面作为辅助投影面,使得球体与平面相切或相割。圆柱投影,是以圆柱表面作为辅助投影面,使球体与圆柱表面相切或者相割,再将圆柱表面展开成平面。圆锥投影,是以圆锥表面作为辅助投影面,使球体与圆锥表面相切或者相割,再将圆锥表面展开成平面。目前用途较为广泛的投影方法有墨卡托投影(正轴等角圆柱投影)、高斯-克吕格投影(等角横轴切椭圆柱投影)、斜轴等面积方位投影、双标准纬线等角圆锥投影、等差分纬线多圆锥投影、正轴方位投影等(Lee et al.,2007)。

3)按投影中心分类

根据在投影平面上投影中心的位置不同,地图投影又可以分为平行投影和中心投影。平行投影的每一原像点和像点连线都是平行的,平行投影能够精确地反映物体的实际尺寸,根据投影方向与投影平面的角度又可以分为正投影和斜投影。中心投影又称为透视投影,有一个固定的投影中心,原像点和像点连线都经过该中心。中心投影在引入无穷远点和无穷远直线后才构成了原像点和像点元素之间的一一对应关系。平行投影可以看成投影中心为无穷远点的中心投影,因此是中心投影的特殊情况(Li et al.,2007)。

2. 坐标系

每一幅地图都有一个坐标系,坐标系是地图中的一个关键因素,坐标系是空间数据的基准,也是地理信息系统的基础。三维空间坐标的基准包含三大要素,即坐标系的原点、坐标轴的指向和坐标单位的尺度。为将空间坐标表示成常用的地理坐标,即经纬度和高程,需要引入地球椭球;若进一步引入投影方式还可将大地经纬度映射为平面坐标。因此,三维空间坐标、地理坐标或投影坐标是同一种基准下的三种不同的坐标形式,它们之间有严格的一一映射关系(Han et al.,2010)。

建立地理信息系统(GIS)的首要任务是空间地图数据的采集和地图数据的转换。空间物体的位置可以通过多种坐标系来描述,由于途径不同,可能所使用的坐标系也不相同。全球定位系统(GPS)定位结果属于1984世界大地测量系统(WGS-84)坐标系,而使用的测量成果往往是采用某一种国家坐标系,如1954北京坐标系、1980西安坐标系。我国许多城市为了控制投影变形,以当地子午线作为中央子午线进行高斯投影求得平面坐标。工程中经常采用独立的自由定向坐标系。有时输入的地图采用一种坐标系,而输出的地图需要采用另一种坐标系,这些情况都需要进行坐标系转换。

坐标系是描述地面或空间目标点位置所采用的参考框架,建立一个坐标系实际上就是确定了一个参考基准,可以根据它来确定地球表面点或空间点的位置,通常所说的 1954 北京坐标系、1980 西安坐标系实际上指的是我国的两个大地基准。由于 GIS 大多是以地图的方式来显示地理信息的,而地图是平面的地理信息,空间点则是在地球椭球面上的,所以就需要建立地球椭球面与平面两个点集间的一一对应关系。地图投影正是研究如何将地球椭球面映射到地图平面的方法和过程,所以它是 GIS 中不可缺少的。投影和坐标系有着密切的关系,但它们有不同的意义,投影是包含一组参数的一个或一组公式,参数的个数和性质取决于投影类型(Ganti et al.,2015)。

4.1.2 现有电子地图介绍

1. 国内电子地图

1)百度地图

百度地图是百度公司提供的一项网络地图服务,覆盖了国内近 400 个城市、数千个区县。在百度地图里,用户可以查询街道、商场、楼盘的地理位置,也可以找到离自己最近的餐馆、学校、银行、公园等。2010 年 8 月,除普通的电子地图功能之外,百度地图新增加了三维地图按钮。

百度地图提供了丰富的公交换乘、驾车导航的查询功能,为用户提供适合的路线规划。让用户不仅知道要找的地点在哪里,还知道如何前往。同时,百度地图还为用户提供了丰富的地图功能(如搜索提示、视野内检索、全屏、测距等),便于更好地使用地图,便捷地找到所求。

2)高德地图

高德地图是国内一流的免费地图导航产品,也是基于位置的生活服务功能全面、丰富的手机地图,由国内的电子地图、导航和位置服务(LBS)解决方案提供商高德软件提供。高德地图采用领先的技术为用户打造了好用的"活地图",不管在哪儿、去哪儿、找哪儿、怎么去、想干什么,一图在手,统统搞定,堪称完美的生活出行软件(Miller,2005)。

3)腾讯地图

腾讯地图是由腾讯公司推出的一种互联网地图服务。用户可以从地图中看到普通的矩形地图、卫星地图和街景地图及室内景观。用户可以使用地图查询银行、医院、宾馆、公园等地理位置,有助于用户平时生活出行。

通过腾讯地图的街景,用户可以实现网上虚拟旅游,也可以在前往某地之前了解该地的周边环境,从而更容易找到目的地。同时,街景地图也可为购、租房屋提供参考信息。

4)"天地图"

"天地图"即国家地理信息公共服务平台,是中国区域内数据资源丰富的地理信息服务网站。主要包含地图浏览、省市直通、专题服务和用户指南四部分。这四部分正好一一对应了当初平台设计的需求。"天地图"的目的在于促进地理信息资源共享和高效利用,提高测绘地理信息公共服务能力和水平,改进测绘地理信息成果的服务方式,更好地满足国家信息化建设的需要,为社会公众的工作和生活提供方便。

"天地图"运行于互联网、移动通信网等公共网络,以门户网站和服务接口两种形式向公众、企业、专业部门、政府部门提供24小时不间断"一站式"地理信息服务。

国家地理信息公共服务平台包括公众版、政务版、涉密版三个版本,"天地图"就是公众版成果,是由原国家测绘地理信息局主导建设的,是为公众、企业提供权威、可信、统一的地理信息服务的大型互联网地理信息服务网站,旨在使测绘成果更好地服务大众。

各类用户可以通过"天地图"的门户网站进行基于地理位置的信息浏览、查询、搜索、量算,以及路线规划等各类应用;也可以利用服务接口调用"天地图"的地理信息服务,并利用编程接口将"天地图"的服务资源嵌入已有的各类应用系统(网站)中,并以"天地图"的服务为支撑开展各类增值服务与应用,从而有效缓解地理信息资源开发利用中技术难度大、建设成本高、动态更新难等突出问题。

2. 国外电子地图

1)Leaflet

Leaflet是一个为建设具有良好交互性且适用于移动设备的开源JavaScript库。代码大小仅仅33KB,它具有开发在线地图的大部分功能。Leaflet坚持设计简便、性能高和可用性好的思想,能够在所有主流桌面和移动平台高效地运作。支持插件扩展,拥有漂亮、易用的API文档和一个简单的、可读的源代码。官方网址为http://leafletjs.com/index.html,通过官方网址可以下载Leaflet。

如果想下载完整的源代码,包括单元测试、可调试文件、生成脚本等,可以从GitHub库上下载。

2)Mapbox

Mapbox最初是与OpenStreetMaps合作的开源项目,后来开始独立发展。当Google开始为地图API收费时,Mapbox获得了巨大的发展机会。Mapbox用了3040个服务器,从NASA下载的压缩数据达到0.6 TB。在此过程中,NASA很积极地进行了配合。Chris Herwig对此心存感激,"当提到开放政府计划时,人们谈论的都是API,但我们真正需要的是政府有保证大规模下载的基础设施。"

在Mapbox公司的首席执行官Eric Gundersen看来,这个项目的意义不仅仅是做出漂亮的地图,更重要的是展示了自己快速处理海量数据的能力。这是一个软件公司的优势所在。另外,公司认为,清晰的卫星地图有助于科学研究,也对大型的商业公司有帮助。

3)Google Maps

Google地图(Google Maps)前称为Google Local,是Google公司向全球提供

的电子地图服务,包括局部详细的卫星照片。Google 地图能提供三种视图:一是矢量地图(传统地图),可提供政区和交通及商业信息;二是不同分辨率的卫星照片(俯视图或 45°图像,与 Google 地球上的卫星照片基本一样);三是地形图,可以用以显示地形和等高线(Miller et al.,2009)。

4)Bing Maps

微软公司的必应地图(Bing Maps)在美国是一个家喻户晓的成熟网络服务,有鸟瞰地图、三维地图等。自从微软地图服务进入中国以来,微软公司也严格遵守中国政府在电子地图行业的相关政策,踏踏实实做好产品的每一个细节。而作为回报,细心的用户也在使用必应地图的过程中,得到他们真正想要的服务,并且反馈了很多有价值的意见和建议,使得研发人员—地图服务—最终用户之间形成了一个良好的产品演进的生态环境。必应地图最新测试版的最大特色是:利用微软的 Silverlight 多媒体技术,向用户提供更易使用的城市街道图片服务。微软称,利用公司已创建的图片库,用户在鼠标左键单击某座公共建筑(如图书馆等)时,可通过鼠标操作进入该建筑的内部,并查看该建筑的内部设施和布局。外部开发者也可在此基础上开发出特定的网络应用程序,以方便用户从多角度查看特定建筑和街区。

5)OpenStreetMap

开源地图(OpenStreetMap,OSM)是一个网上地图协作计划,目标是创造一个内容自由且能让所有人编辑的世界地图。

OSM 由用户根据手持 GPS 装置、航空摄影照片、卫星影像、其他自由内容,甚至单靠用户对目标区域的空间知识绘制。网站里的地图图像及向量数据皆以"共享创意姓名标示-分享相同方式"给予 2.0 授权。OSM 网站的灵感来自维基百科等网站,可从该网站地图页的"编辑"按钮获知其完整修订历史。经注册的用户可上传 GPS 路径及使用内置的编辑程式编辑数据。

OSM 的优点是:数据开放,可自己搭建服务器,可自己修改数据,有前景(最近发展很快)。缺点是:数据尚不完善,资源不是十分丰富。

§4.2 常用前端开发技术

4.2.1 HTML、CSS 和 JavaScript

当提到学习 Web 前端开发,那么必须掌握的基础技术有:HTML、层叠样式表(cascading style sheet,CSS)、JavaScript。下面就来了解这三门技术的实现方法:

(1)超文本标记语言(HTML)是网页内容的载体。内容就是网页制作者放在页面上想让用户浏览的信息,可以包含文字、图片、视频等。

（2）CSS就像网页的外衣。如标题字体、颜色变化，或为标题加入背景图片、边框等。CSS是目前唯一的网页排版样式标准，弥补了HTML在网页格式化方面的不足，所有这些用来改变内容外观的东西称为表现。

（3）JavaScript是用来实现网页上的特效效果。如鼠标滑过弹出下拉菜单，或鼠标滑过表格的背景颜色改变，还有焦点新闻（新闻图片）的轮换等。可以这么理解，有动画的、有交互的一般都是用JavaScript来实现的。

1. HTML的基础知识——标签

HTML标签的代码如下：

```
< html>
< head>
< title> 标题栏题目< /title>
<!-- 内部样式表 -->
< style type= "text/css">
    h1{background: red}
< /style>
< /head>
< body>
< h1> 一级标题< /h1>
< h4 align= "center"> 通过属性居中< /h1>
< p> 段落< /p>
<!-- 内联样式表 -->
< p style= "color:red; background:blue" > body内为可见内容< /p>
< a href= "http://www.baidu.com" target= "_blank"> target新的窗口打开超链接< /a>
< a href= "1.html"> 在当前目录下超链接< /a>
    嵌套图像连接
< a href= "http://www.baidu.com">
< img src= "http://www.baidu.com/img/baidu_sylogo1.gif"/>
< /a>
< a href= "# biaoqian"> 跳转到当前页的标签处< /a>
< p> < a name= "biaoqian"> 标签锚定处< /a> < /p>
< p>
    图像< img src= "http://www.baidu.com/img/baidu_sylogo1.gif">
    限定尺寸图像< img src= "http://www.baidu.com/img/baidu_sylogo1.gif" width= "100" height= "50">
< /p>

< b> 粗体< /b>
< sub> 下标< /sub> < sup> 上标< /sup>
< b> < i> 斜体< /i> < /b> <!-- 字体可以嵌套 -->
```

```html
<big>大号字体</big> <em>斜体</em>
<del>删除线</del>
<ins>下划线</ins>

<div>节</div>
<hr/> <!-- 水平线 -->
<table border="1">
<tr>
<th colspan="2">表头1</th>
<th>表头2</th>
</tr>
<tr>
<td>1</td>
<td>2</td>
<td>3</td>
</tr>
<tr>
<td>1</td>
</tr>
</table>

<ul>
<li>无序列表</li>
<li>无序列表</li>
</ul>

<ol>
<li>有序列表</li> <!-- order 次序 -->
    <li>有序列表</li>
<li>有序列表</li>
</ol>

<dl>
<dt>定义列表</dt>
<dd>列表项</dd>
<dd>内部可以使用段落、换行符、图片、链接以及其他列表</dd>
<dd>列表项</dd>
<dt>定义列表</dt>
<dd>列表项</dd>
<dd>列表项</dd>
<dd>列表项</dd>
</dl>
</body>
</html>
```

使用记事本即可编写 HTML 代码,扩展名是 .html 或 .htm。

2. CSS 代码举例

CSS 代码举例如下:

```
< html>
< head>
< title> css< /title>
< style type= "text/css">
  h2{font-size:50}
  p{font-size:20;font-style:italic}
< /style>
< /head>
< /html>
```

3. JavaScript 代码举例

```
< html>
< head>
< title> css< /title>
< style type= "text/css">
  h2{font-size:50}
  p{font-size:20;font-style:italic}
< /style>
< script type= "text/javascript">
alert("这是 JavaScript 起的作用");
< /script>
< /head>
< /html>
```

可以在 HTML 语言中直接编写 CSS 和 JavaScript 代码,也可以单独编写,扩展名分别是 .css 和 .js。详细学习课程见 http://www.imooc.com/。

4.2.2 jQuery

1. jQuery 简介

随着 JavaScript、CSS、DOM 和 Ajax 等技术的不断进步,越来越多的开发者将一个又一个丰富多彩的功能进行封装,供更多用户在遇到类似情况时使用,jQuery 就是其中的优秀一员。

简单来说,jQuery 是一个轻量级的"写得少,做得多"的 JavaScript 函数库。目前网络上有大量开源的 JavaScript 框架,但 jQuery 是最流行的,而且提供了大量的扩展。

很多大公司都在使用 jQuery,jQuery 团体了解 JavaScript 在不同浏览器中存在着大量的兼容性问题,目前 jQuery 兼容于所有主流浏览器,包含以下功能:HT-ML 元素选取、HTML 元素操作、CSS 操作、HTML 事件函数、JavaScript 特效和动画、HTML DOM 遍历和修改、Ajax、Utilities。除此之外,jQuery 还提供了大量的插件(陈洁,2010)。

jQuery 是一个优秀的 JavaScript 框架,它能使用户更方便地处理 HTML 文档、事件、动画效果和 Ajax 交互等。它的出现极大程度地改变了开发者使用 JavaScript 的习惯,掀起了一场新的网页革命。jQuery 由美国人 John Resig 于 2006 年最初创建,至今已吸引了来自世界各地的众多 JavaScript 高手加入其团队。最开始的时候,jQuery 所提供的功能非常有限,仅仅可以增强 CSS 的选择器功能。但随着时间的推移,jQuery 的新版本一个接一个地发布,它也越来越受到人们的关注。如今 jQuery 已经发展到集各种 JavaScript、CSS、DOM 和 Ajax 功能于一体的强大框架,可以用简单的代码轻松地实现各种网页效果。它的宗旨就是让开发者写更少的代码,做更多的事情(write less, do more)。目前,jQuery 主要提供如下功能:

(1)访问页面框架的局部。这是 DOM 模型所完成的主要工作之一。DOM 获取页面中某个节点或者某一类节点有固定的方法,而 jQuery 则大大地简化了其操作的步骤。

(2)修改页面的表现(presentation)。CSS 的主要功能就是通过样式风格来修改页面的表现。然而由于各个浏览器对 CSS3 标准的支持程度不同,使得很多 CSS 的特性没能很好地体现。jQuery 的出现很好地解决了这个问题,它通过封装好的 JavaScript 代码,使各种浏览器都能很好地使用 CSS3 标准,极大地丰富了 CSS 的运用。

(3)更改页面的内容。通过强大而方便的 API,jQuery 可以修改文本的内容、插入新的图片、添加表单的选项,甚至更改整个页面的框架。

(4)响应事件。JavaScript 有处理事件的相关方法,而引入 jQuery 后,可以更加轻松地处理事件,而且开发人员不需要再考虑复杂的浏览器兼容性问题。

(5)为页面添加动画。通常在页面中添加动画需要开发大量的 JavaScript 代码,而 jQuery 大大简化了这个过程。jQuery 库提供了大量可自定义参数的动画效果。

(6)与服务器异步交互。Ajax 框架可以简化代码的编写,jQuery 也提供了一整套与 Ajax 相关的操作,大大方便了异步交互的开发和使用。

(7)简化常用的 JavaScript 操作。jQuery 还提供了很多附加的功能来简化常用的 JavaScript 操作,如数组的操作、迭代运算等。

2. jQuery 安装

通常用两种方法在网页中添加 jQuery:①从 jquery.com 下载 jQuery 库;②从内容分发网络(content delivery network,CDN)中载入 jQuery,如从 Google 中加载 jQuery。

另一种方法是下载 jQuery,有两个版本的 jQuery 可供下载:①Production

version 用于实际的网站中,已被精简和压缩;②Development version 用于被测试和开发(未压缩,是可读的代码)。以上两个版本都可以从 jquery.com 中下载。jQuery 库是一个 JavaScript 文件,可以使用 HTML 的<script>标签引用它,代码如下:

```
< head>
< script src= "jquery-1.10.2.min.js"> < /script>
< /head>
```

4.2.3 常用前端样式:jQuery EasyUI、Bootstrap

1. jQuery EasyUI

1)jQuery EasyUI 简介

EasyUI 是一组基于 jQuery 的用户界面(user interface,UI)框架插件集合,而 jQuery EasyUI 的目标就是帮助 Web 开发者更轻松地打造出功能丰富且美观的用户界面。开发者不需要编写复杂的 JavaScript,也不需要对 CSS 样式有深入的了解,开发者需要了解的只有一些简单的 HTML 标签。EasyUI 作为一个轻量级的 UI 插件,提供了常用的 UI 控件,如 accordion、menu、dialog、tabs、tree、validatebox、window 等。

jQuery EasyUI 框架的特点有:①EasyUI 是一个基于 jQuery 的、集成了各种用户界面的插件;②EasyUI 为创建与数据实时交互的 JavaScript 应用程序提供了必要的功能;③使用 EasyUI 不需要写太多 JavaScript 代码,一般情况下只需要使用一些 HTML 标记来定义用户接口;④已完成的框架能够很好地支持 HTML5 的 Web 页面;⑤在开发产品时,使用 EasyUI 可以节省大量的时间和金钱;⑥EasyUI 非常简单,但是功能非常强大。

2)如何快速使用 jQuery EasyUI

(1)官方下载网站:http://www.jeasyui.com/。

(2)源码目录结构说明如图 4.1 所示。

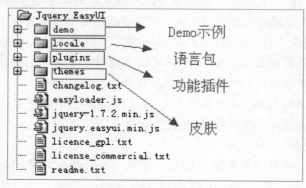

图 4.1 源码目录结构

(3)快速使用:先引用 EasyUI 必备的样式和 JavaScript 文件,然后即可按照示例来实现各种想要的效果,引用代码如下:

```
< link rel= "stylesheet" type= "text/css" href= "../themes/default/easyui.css" />
< link rel= "stylesheet" type= "text/css" href= "../themes/icon.css" />
< script type = " text/javascript " src = " Jquery EasyUI/jquery-1.7.2.min.js"> < /script>
< script type = " text/javascript " src = " Jquery EasyUI/jquery.easyui.min.js"> < /script>
```

2. Bootstrap

Bootstrap 是 Twitter 公司推出的一个开源的、用于前端开发的工具包。它由 Twitter 的设计师 Mark Otto 和 Jacob Thornton 合作开发,是一个 CSS/HTML 框架。Bootstrap 提供了 HTML 和 CSS 规范,它是由动态 CSS 语言 Less 写成。Bootstrap 推出后颇受欢迎,一直是 GitHub 平台上的热门开源项目,包括 NASA、微软、美国全国广播公司的突发新闻(Breaking News)都使用了该项目(Giannotti et al.,2008)。

Bootstrap 中包含了丰富的 Web 组件,根据这些组件,可以快速地搭建一个漂亮、功能完备的网站。其中包括以下组件:下拉菜单、按钮组、按钮下拉菜单、导航、导航条、路径导航、分页、排版、缩略图、警告对话框、进度条、媒体对象等。Bootstrap 自带了 13 个 jQuery 插件,这些插件为 Bootstrap 中的组件赋予了"生命"。其中包括:模式对话框、标签页、滚动条、弹出框等。

1)Bootstrap 优点

基于 HTML5、CSS3 的 Bootstrap 具有以下这些优点:①移动设备优先;②漂亮的设计;③友好的学习曲线;④卓越的兼容性;⑤响应式设计;⑥12 列响应式栅格结构;⑦样式向导文档。

值得注意的是,Bootstrap 对 IE6 的兼容性极差,虽然有几个号称可以修正的第三方补丁,但实际试用下来,效果不是很好。所以建议在基于 Bootstrap 构造的网页里面检测 IE 版本并提示。

2)Bootstrap 安装

可以在 http://v3.bootcss.com/getting-started/#download 中下载,此外还可以通过内容分发网络(CDN)、git 命令,以及 npm 等方式进行下载。在 Sublime Text 中直接通过插件进行安装,在按 Ctrl+Shift+P 键时输入 fetch:manage,进行如下设置:

```
"packages":
    {
        "Bootstrap": "https://github.com/twbs/bootstrap/releases/download/v3.3.6/bootstrap-3.3.6-dist.zip"
    }
```

这样就可以直接通过 Sublime Text 进行下载了,还是重复刚才的步骤,但这一次输入的是 fetch:package。找到 Bootstrap,如果下载成功,计算机文件夹中应该可以看到,主要包括三个文件夹:css、fonts 和 js,如图 4.2 所示。

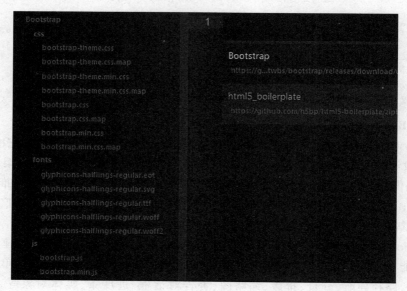

图 4.2　css、fonts 和 js 文件夹

4.2.4　图表框架:D3 和百度 ECharts

1. D3

D3(data-driven documents)顾名思义是一个被数据驱动的文档。听名字比较抽象,简单一点讲,就是一个 JavaScript 的函数库,主要使用它来做数据可视化。

近年来,可视化越来越流行。许多报刊、门户网站、新闻媒体都大量使用可视化技术,使得复杂的数据和文字变得十分容易理解。有一句谚语"一张图片价值于一千个字",的确是名副其实。各种数据可视化工具也如井喷式地发展,D3 正是其中的佼佼者(李清泉 等,2007)。

JavaScript 文件的后缀名通常为 .js,故 D3 也常称 D3.js。D3 提供了各种简单易用的函数,大大简化了 JavaScript 操作数据的难度。由于它本质上是 JavaScript,所以用 JavaScript 也可以实现所有功能,但它能减少工作量,尤其是在数据可视化方面,D3 已经将生成可视化的复杂步骤精简到了几个简单的函数,只需要输入几个简单的数据,就能够转换出各种绚丽的图形。

1)D3 的使用方法

到 https://github.com/mbostock/d3/releases/download/v3.4.8/d3.zip 下载 D3.js 文件。或者直接导入包含网络的链接,这种方法比较简单,代码如下:

```
< script src = " http://d3js.org/d3.v3.min.js " charset = " utf-8 " >
</script>
```

2）做一个简单的图表

HTML5 提供两种强有力的"画布"——SVG 和 Canvas。

可缩放矢量图形(scalable vector graphics,SVG)是用于描述二维矢量图形的一种图形格式,是由万维网联盟制定的开放标准。SVG 使用 XML 格式来定义图形,除了 IE8 之前的版本外,绝大部分浏览器都支持 SVG,可将 SVG 文本直接嵌入 HTML 中显示。

SVG 的特点有:SVG 绘制的是矢量图,因此对图像进行放大不会失真;基于 XML 可以为每个元素添加 JavaScript 事件处理器;将每个图形均视为对象,更改对象的属性,图形也会改变;不适合游戏应用等。

Canvas 是通过 JavaScript 来绘制二维图形,是 HTML5 中新增的元素,Canvas的特点有:绘制的是位图,图像放大后会失真;不支持事件处理器;能够以 PNG 或 JPEG 格式保存图像;适合游戏应用等。

D3 虽然没有明文规定一定要在 SVG 中绘图,但是 D3 提供了众多的 SVG 图形生成器,它们都是只支持 SVG 的。因此,建议使用 SVG。

绘制简单图表的步骤如下。

(1)添加画布。使用 D3 在 body 元素中添加的 SVG,代码如下:

```
var width = 300;
var height = 300;
var svg = d3.select("body")
.append("svg")
.attr("width",width)
.attr("height",height);
```

(2)绘制矩形。在 SVG 中,矩形的元素标签是 rect,常用的矩形属性有四个:①x 为矩形左上角的 x 坐标;②y 为矩形左上角的 y 坐标;③width 为矩形的宽度;④height 为矩形的高度。现在给出一组数据,对此进行可视化,数据如下:

```
var dataset = [250,210,170,130,90]; //数据(表示矩形的宽度)
```

然后添加代码如下:

```
var rectHeight = 25;           //每个矩形所占的像素高度(包括空白)
svg.selectAll("rect")
.data(dataset)
```

```
.enter()
.append("rect")
.attr("x",20)
.attr("y",function(d,i){
        return I *  rectHeight;
})
.attr("width",function(d){
        return d;
})
.attr("height",rectHeight-2)
.attr("fill","steelblue");            //给矩形设置颜色
```

这段代码添加了与 dataset 数组的长度相同的矩形,所使用的语句是:

```
svg.selectAll("rect")        //选择 svg 内所有的矩形
.data(dataset)               //绑定数组
.enter()                     //指定选择集的 enter 部分
.append("rect")              //添加足够数量的矩形元素
```

(3)结果如图 4.3 所示。

图 4.3　结果显示

2. ECharts

商业级数据图表(enterprise charts,ECharts)是一个纯 JavaScript 的图表库,可以流畅地运行在计算机和移动设备上,兼容当前绝大部分浏览器(IE6/7/8/9/10/11、Chrome、Firefox、Safari 等),底层依赖轻量级的 Canvas 类库 ZRender,提供直观、生动、可交互、可高度个性化定制的数据可视化图表,如图 4.4 所示。创新的拖拽重计算、数据视图、值域漫游等特性大大增强了用户体验,赋予了用户对数据进行挖掘、整合的能力。支持柱状图(条状图)、折线图(区域图)、散点图(气泡图)、K 线图、饼图(环形图)、雷达图(填充雷达图)、和弦图、力导布局图、地图、仪表盘、漏斗图、孤岛等12 类图表,同时提供常用组件,还提供标题、详情气泡、图例、值域、数据区域、时间轴、工具箱等 7 个可交互组件,支持多图表、组件联动和混搭展现(Duan et al.,2013)。

第 4 章　前端地图的开发　　49

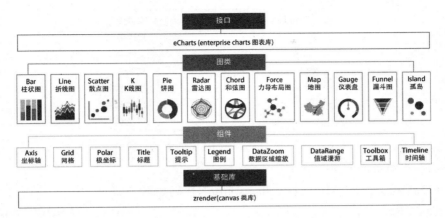

图 4.4　ECharts 图表库

ECharts 内部是依赖于另一个插件 ZRender，对于大部分图表而言不需要 ZRender，但是对于地图控件及其他复杂的呈现控件而言是需要 ZRender 的。ZRender 是 ECharts 依赖的绘图库，官网要求下载，但是如果程序中并没有直接引用它，可以不用下载，也就是说普通情况下 ECharts 可以自己独立运行*。

所有与 ECharts 有关的文件都在 ECharts 文件夹下，ECharts 文件夹的内容分为两部分：

(1)以"echarts"开头的 JS 文件，如图 4.5 所示。

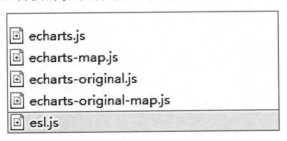

图 4.5　JS 文件

echarts.js 是主程序，包含除地图以外所有的主题图库。注意这个是压缩过的，并且只能通过 require.js 或者 esl.js 模块化加载；echarts-orginal.js 是没有压缩过的 echarts.js；echarts-map.js 是 ECharts 的地图主题图库。

(2)名为"zrender"的文件夹，这里需要特别注意的是该文件夹的命名必须为"zrender"，因为在 ECharts 的 JS 文件中对 ZRender 的引用都是以"zrender"为根目录的，zrender 文件夹的内容如图 4.6 所示。

---

*　ECharts 的下载地址为 http://echarts.baidu.com/，ZRender 的下载地址为 http://ecomfe.github.io/zrender/index.html。

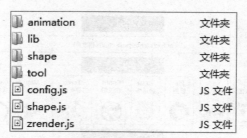

图 4.6　zrender 文件夹

举一个简单的实例：

(1)新建一个 HTML 文件 echarts.html,代码如下：

```
< ! DOCTYPE html>
< head>
< meta charset= "utf-8">
< title> ECharts-example< /title>
< /head>

< body>
< ! - - 为 ECharts 准备一个具备大小(宽高)的 Dom - - >
< div id= "main" style= "height:400px"> < /div>
< /body>
```

(2)新建＜script＞标签引入当前文件夹下的 echarts.js 文件,代码如下：

```
< ! DOCTYPE html>
< head>
< meta charset= "utf-8">
< title>  ECharts-example< /title>
< /head>
< body>
< ! - - 为 ECharts 准备一个具备大小(宽高)的 Dom - - >
< div id= "main" style= "height:400px"> < /div>
< ! - - ECharts 单文件引入 - - >
< script src= "./echarts.js"> < /script>
< /body>
```

(3)使用全局变量初始化图表并驱动图表的生成,代码如下：

```
< ! DOCTYPE html>
< head>
< meta charset= "utf-8">
< title> ECharts-example< /title>
```

```html
</head>
<body>
<!-- 为ECharts准备一个具备大小(宽高)的Dom -->
<div id="main" style="height:400px"></div>
<script src="./echarts-all.js"></script>
<script type="text/javascript">
```
```
                    // 基于准备好的dom,初始化echarts图表
    var myChart = echarts.init(document.getElementById('main'));
    option = {
color:['#3398DB'],
tooltip : {
    trigger: 'axis',
    axisPointer : {       // 坐标轴指示器,坐标轴触发有效
        type : 'shadow'  // 默认为直线,可选为:'line' | 'shadow'
    }
},
grid: {
    left: '3%',
    right: '4%',
    bottom: '3%',
    containLabel: true
},
xAxis : [
    {
        type : 'category',
        data : ['Mon','Tue','Wed','Thu','Fri','Sat','Sun'],
        axisTick: {
            alignWithLabel: true
        }
    }
],
yAxis : [
    {
        type : 'value'
    }
],
series : [
    {
        name:'直接访问',
        type:'bar',
        barWidth: '60%',
        data:[10, 52, 200, 334, 390, 330, 220]
```

```
            }
        ]
    };
        // 为 echarts 对象加载数据
        myChart.setOption(option);
</script>
</body>
```

(4) 在浏览器中打开 echarts.html, 可以看到如图 4.7 所示的效果。

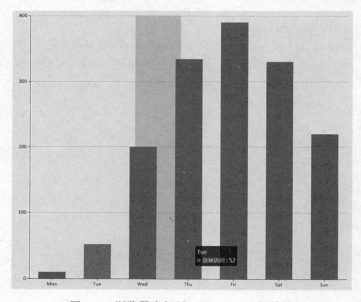

图 4.7　浏览器中打开 echarts.html 的效果

§4.3　利用 Mapbox 制作地图的简单案例

4.3.1　创建自己的地图

若想利用 Mapbox 创建自己的个性化地图, 首先需要申请一个账号。创建完成后, 在右上角可以看到 Projects 和 Data 两个选项, 这里选择 Projects 进入, 可以看见自己的 Projects 列表, 单击【Create project】进入设计地图界面, 如图 4.8 所示。

可以选择的地图样式有 Basic、Bright、Streets 等, 在此我们选择地图样式为 Basic, 如图 4.9 所示。

第 4 章　前端地图的开发

图 4.8　地图界面

图 4.9　选择 Basic 地图样式

4.3.2　设计自己的地图

Mapbox 拥有强大的"地图设计决策"功能，开发者使用 Mapbox Studio 工具可以根据不同的场景，突出或弱化相应的地理元素，创建出符合应用类型的自定义的风格化地图，如图 4.10 所示。

例如，设置水系和背景颜色的界面如图 4.11 所示，图 4.12 所示为设置后的结果。

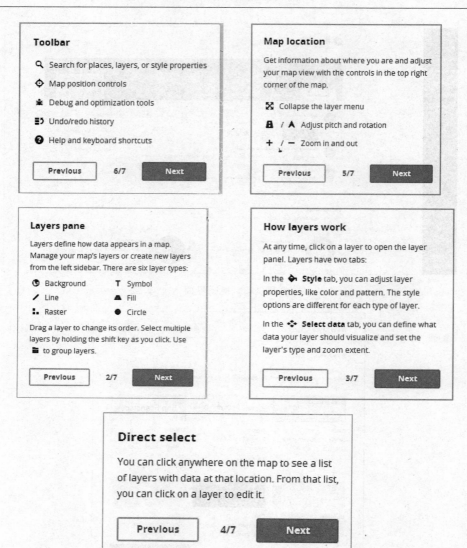

图 4.10 自定义地图样式

4.3.3 共享发布自己的地图

创建好地图并保存以后便可以共享了。在图层面板的右上角单击【发布】按钮即可发布自定义的地图,共享方式有三种:

(1) Map ID,需要配合 Mapbox developer tools 使用。
(2) Share,直接生成一个网页链接,通过链接直接访问制作的地图。
(3) Embed,用 iframe 标签将生成的链接嵌入到自己的 HTML 网页中。

第 4 章　前端地图的开发

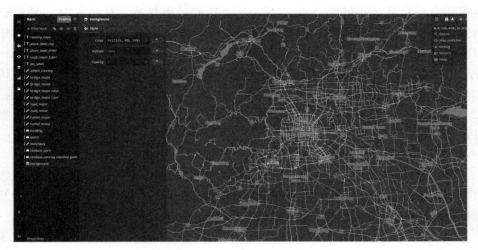

图 4.11　设置水系和背景颜色

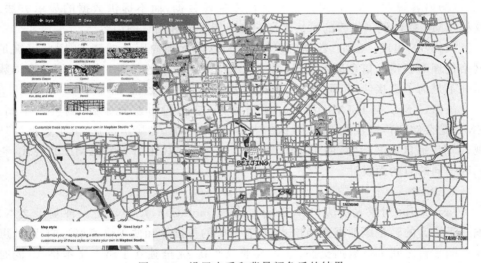

图 4.12　设置水系和背景颜色后的结果

§4.4　JSON 格式

4.4.1　常用的数据格式

1. XML

可扩展标记语言（XML）用于标记电子文件，并使其具有结构性的标记语言，可以用来标记数据、定义数据类型，是一种允许用户对自己的标记语言进行定义的源语言。它是互联网联合组织（W3C）创建的一组规范。虽说它是一种标记语言，类似 HTML，但是其设计宗旨是存储和传输数据，而不是显示数据。XML需要自定义标签，其设计具有自我描述性。XML 使用文档类型定义（document type definition，DTD）来组织数据，格式统一，跨平台和语言，早已成为业界公认的标准。XML 是标准通用标记语言（SGML）的子集，非常适合 Web 传输。XML 提供统一的方法来描述和交换独立于应用程序或供应商的结构化数据（Pei et al.，2011）。

XML 功能有以下几点：

（1）数据交换。数据可能来自不同的数据库，都有各自不同的复杂格式，但客户与这些数据库之间只通过一种标准语言进行交互，由于 XML 具有自定义性及可扩展性，它足以表达各种类型的数据。

（2）Web 服务。Web 服务能让使用不同系统和不同编程语言的用户相互交流和分享数据，其基于 Web 服务器用 XML 在系统之间交换数据。

（3）内容管理。XML 用元素和属性来描述数据，而不提供数据的显示方法。这样 XML 就提供了优秀的方法来标记独立于平台和语言的内容。

（4）Web 集成。XML 数据可以直接处理，而无须向服务器请求，因此可满足网络代理对获得的信息进行编辑、增减以适应个人用户的需要。例如，用户取得数据并不是为了直接使用，而是为了根据需要组织自己的数据库。

虽然，XML 与 HTML 都是标记语言，但是它们的差异显著，侧重点不同。XML 是存储和传输数据，侧重数据的内容，而 HTML 是显示数据，侧重数据的外观；XML 是自定义标签，而 HTML 是预定义标签；XML 不是 HTML 的替代，它们因不同的目的而设计。

2. JSON

JavaScript 对象表示法（JavaScript object notation，JSON）是一种基于文本、独立于语言的轻量级数据交换格式，具有良好的可读性和便于快速编写的特性，可在不同平台之间进行数据交换。JSON 兼容性高、完全独立于语言文本格式，同时也具备类似于 C 语言的习惯（包括 C、C++、C#、Java、JavaScript、Perl、Python等）。这些特性使 JSON 成为理想的数据交换语言。XML 虽然可以作为跨平台的数据交换格式，但是在 JavaScript 中处理 XML 非常不方便。因为 XML 标记比数据还多，增加了交换产生的流量，而 JSON 没有附加的任何标记，在 JavaScript 中可作为对象处理，所以一般更倾向于选择 JSON 来交换数据。

JSON 的两种结构为对象和数组：

（1）对象结构。以"{"开始，以"}"结束。中间部分由 0 或多个以","分隔的"key:value"（关键字:值）构成，关键字和值之间以":"分隔，语法结构如下（其中关键字是字符串，而值可以是字符串、数值、布尔值、null、对象或数组）：

```
{
    key1:value1,
    key2:value2,
    ...
}
```

(2) 数组结构。以"["开始,以"]"结束。中间由 0 或多个以","分隔的值列表组成,语法结构如下:

```
[
    {
        key1:value1,
        key2:value2
    },
    {
        key3:value3,
        key4:value4
    }
]
```

3. XML 与 JSON 对比

1) XML 的优缺点

(1) XML 的优点:①格式统一,符合标准;②容易与其他系统进行远程交互,数据共享比较方便。

(2) XML 的缺点:①XML 文件庞大,文件格式复杂,传输占带宽;②服务器端和客户端都需要花费大量代码来解析 XML,导致服务器端和客户端代码变得异常复杂且不易维护;③客户端不同浏览器之间解析 XML 的方式不一致,需要重复编写很多代码;④服务器端和客户端解析 XML 花费较多的资源和时间。

2) JSON 的优缺点

(1) JSON 的优点:①数据格式比较简单,易于读写,格式都是压缩的,占用带宽小;②易于解析,客户端 JavaScript 可以简单地通过 eval()进行 JSON 数据的读取;③支持多种语言,包括 ActionScript、C、C♯、ColdFusion、Java、JavaScript、Perl、PHP、Python、Ruby 等服务器端语言,便于服务器端的解析;④在 PHP 世界,已经有 PHP-JSON 和 JSON-PHP 出现,便于 PHP 序列化后的程序直接调用,PHP 服务器端的对象、数组等能直接生成 JSON 格式,便于客户端的访问提取;⑤因为 JSON 格式能直接被服务器端代码使用,大大简化了服务器端和客户端的代码开发量,且完成任务不变,易于维护。

(2) JSON 的缺点:①没有 XML 格式深入人心和使用广泛,通用性不如 XML;②JSON 格式目前在 Web 服务中的推广还属于初级阶段。

3)两者优缺点对比

（1）可读性方面：JSON 和 XML 的数据可读性基本相同，一边是建议的语法，一边是规范的标签形式。XML 可读性较好些。

（2）可扩展性方面：XML 天生有很好的扩展性，JSON 也有，没有什么是 XML 能扩展而 JSON 不能的。

（3）编码难度方面：XML 有丰富的编码工具，如 Dom4j、JDom 等，JSON 也有 json.org 提供的工具。但是 JSON 的编码明显比 XML 容易许多，即使不借助工具也能写出 JSON 的代码，可是要写好 XML 就不太容易了。

（4）解码难度方面：XML 的解析需要考虑子节点和父节点，比较复杂，而 JSON 的解析难度几乎为零。

（5）解析手段方面：JSON 和 XML 同样拥有丰富的解析手段。

（6）数据体积方面：JSON 相对于 XML 来讲，数据的体积小，传递的速度更快些。

（7）数据交互方面：JSON 与 JavaScript 的交互更加方便，更容易解析处理，可以更好地进行数据交互。

（8）数据描述方面：JSON 对数据的描述性比 XML 差。

（9）编码的可读性方面：XML 有明显的优势，毕竟人类的语言更贴近这样的说明结构；JSON 读起来更像一个数据块，读起来比较费解，不过读起来费解的语言，恰恰更适于计算机阅读。

（10）传输速度方面：JSON 的速度要远远快于 XML。

（11）编码的手写难度方面：XML 好读也好写，不过写出来的字符就明显多于 JSON；去掉空白制表及换行后，JSON 就是密密麻麻的有用数据，而 XML 却包含很多重复的标记字符。

4)举例比较

XML 和 JSON 都使用结构化方法来标记数据，下面来做一个简单的比较。

（1）用 XML 表示中国部分区划数据，代码如下：

```
< ? xml version= "1.0" encoding= "utf-8" ? >
< country>
< name> 中国< /name>
< province>
< name> 黑龙江< /name>
< citys>
< city> 哈尔滨< /city>
< city> 大庆< /city>
< /citys>
```

```
< /province>
< province>
< name> 广东< /name>
< citys>
< city> 广州< /city>
< city> 深圳< /city>
< city> 珠海< /city>
< /citys>
< /province>
< province>
< name> 台湾< /name>
< citys>
< city> 台北< /city>
< city> 高雄< /city>
< /citys>
< /province>
< province>
< name> 新疆< /name>
< citys>
< city> 乌鲁木齐< /city>
< /citys>
< /province>
< /country>
```

(2)用 JSON 表示中国部分区划数据,代码如下:

```
var country =
    {
        name:"中国",
        provinces:[
        { name:"黑龙江", citys:{ city:["哈尔滨","大庆"]} },
        { name:"广东", citys:{ city:["广州","深圳","珠海"]} },
        { name:"台湾", citys:{ city:["台北","高雄"]} },
        { name:"新疆", citys:{ city:["乌鲁木齐"]} }
        ]
    }
```

可以看出同样含义的数据两种不同表示法的优缺点。

4.4.2 前端解析 JSON 方法

解析 JSON 的方法一般是通过 eval 和 JSON.parse,然而在代码中使用 eval 是很危险的,特别是执行第三方的 JSON 数据(其中包含恶意代码)时。所以尽可能使用JSON.parse方法解析字符串本身,该方法还可以捕捉JSON中的语法错误。下面举例说明。

(1)使用eval解析,结果框显示"张三",代码如下:

```
var jsondata = '{"staff":[{"name":"张三","age":30},{"name":"李四","age":35},{"name":"王五","age":40}]}';
var jsonobj = eval('('+ jsondata+ ')');
alert(jsonobj.staff[0].name);
```

(2)使用JSON.parse解析,结果框显示"张三",代码如下:

```
var jsondata = '{"staff":[{"name":"张三","age":30},{"name":"李四","age":35},{"name":"王五","age":40}]}';
var jsonobj = JSON.parse(jsondata);
alert(jsonobj.staff[0].name);
```

(3)将使用eval解的代码改动,结果框先显示年龄"30",然后显示"张三"。也就是说,使用eval方法不仅解析了JSON数据,还执行了JSON中的方法(而我们的需求只是访问"张三"),这就是使用eval的危险之处。如果不能保证已知要解析的JSON数据是安全的,尤其是eval解析的第三方代码包含恶意代码时,后果很严重。代码如下:

```
var jsondata = '{"staff":[{"name":"张三","age":alert(30)},{"name":"李四","age":35},{"name":"王五","age":40}]}';
var jsonobj = eval('('+ jsondata+ ')');
alert(jsonobj.staff[0].name);
```

(4)使用JSON.parse解析的代码改动后,发现结果什么都不显示,控制台抛出错误,错误指出JSON中有不合法的字符串。代码如下:

```
var jsondata = '{"staff":[{"name":"张三","age":alert(30)},{"name":"李四","age":35},{"name":"王五","age":40}]}';
var jsonobj = JSON.parse(jsondata);
alert(jsonobj.staff[0].name);
```

JSON数据查看工具,这里介绍Firefox浏览器的几款插件。

(1)JSONView:JSON数据一般没有经过格式化或经过了unicode编码,但没有缩进、换行等,给开发者阅读造成了一定困难。在JSONView的帮助下,可以在浏览器中像查看XML文件一样查看JSON,具有代码自动高亮、自动缩进、自动折叠功能。甚至如果JSON文件中有错误,JSONView仍然可以显示原始代码。效果如图4.13所示。

```
{
    hey: "guy",
    anumber: 243,
  - anobject: {
        whoa: "nuts",
      - anarray: [
            1,
            2,
            "thr<h1>ee"
        ],
        more: "stuff"
    },
    awesome: true,
    bogus: false,
    meaning: null,
    japanese: "明日がある。",
    link: http://jsonview.com,
    notLink: "http://jsonview.com is great"
}
```

图 4.13　JSONView 显示效果

（2）JSON-handle：可以对返回的 JSON 数据进行编辑并以树形方式显示，效果如图 4.14 所示。

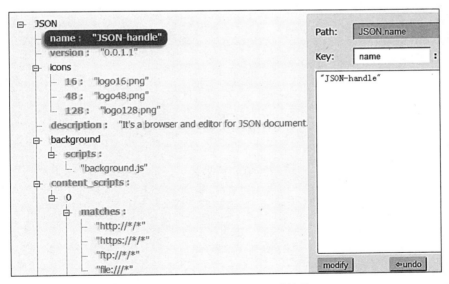

图 4.14　JSON-handle 显示效果

（3）JSONovich：以简单、低调的视图漂亮地显示出浏览器中 JSON 的内容，效果如图 4.15 所示。

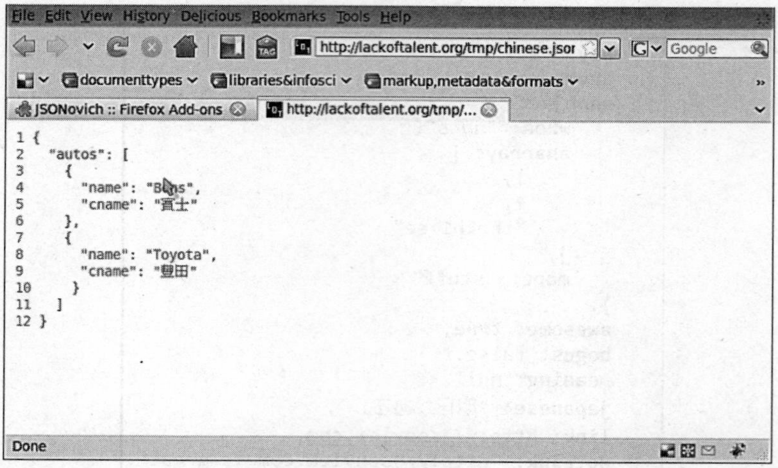

```
1 {
2   "autos": [
3     {
4       "name": "Bens",
5       "cname": "富士"
6     },
7     {
8       "name": "Toyota",
9       "cname": "豐田"
10    }
11  ]
12 }
```

图 4.15　JSONovich 显示效果

第 5 章 地物属性服务的开发

§5.1 数据库初识

数据库(database)是能够存储、查询和管理数据的仓库。数据库最早诞生于 20 世纪 60 年代,随着计算机和互联网技术的不断发展,特别是 20 世纪 90 年代后,数据的使用发生了巨大的转变,数据管理不再是简单的存储和管理,开始转变为用户所需要的多种数据管理方式。数据库的类型也更加多样化,从最简单的表单存储到能够进行大数据存储的海量数据存储,数据库的种类和用途都在不断增多和扩大。

数据库简单地说是将数据以特定的方式存储,并且能够为多个用户提供查询、管理等服务功能的数据集合。可以把数据库比作一个可视化的电子文件柜,其本身是存储电子文件的处所,每一个访问数据库的人可以对文件进行新增、删除、查询等操作。

5.1.1 数据库概念

1. 数据库的历史阶段

1)摇篮和萌芽阶段

20 世纪 60 年代,首先使用"database"一词的是美国系统发展公司,在为美国海军基地研制数据中引用;1963 年,Bachman 设计开发的集成数据存储系统开始投入运行,它可以为多个 COBOL 程序共享数据库;1968 年,网状数据库系统开始出现;1969 年,IBM 公司的 Mc Gee 等开发的层次式数据库系统发表,它可以让多个程序共享数据库。

1969 年 10 月,CODASYL 数据库的研制者提出了网络模型数据库系统规范报告(DBTG),使数据库系统开始走向规范化和标准化。正因如此,许多专家认为数据库技术起源于 20 世纪 60 年代末。数据库技术的产生来源于社会的实际需要,而数据库技术的实现必须有理论作为指导,系统的开发和应用又不断地促进数据库理论的发展和完善。

2)发展阶段

20 世纪 80 年代,大量商品化的关系数据库系统问世并被广泛地推广使用,既有适用于大型计算机系统的,也有适用于中、小型和微型计算机系统的。这一时期分布式数据库系统也走向使用。

1970年,IBM公司San Jose研究所的Codd发表了题为《大型共享数据库的数据关系模型》的论文,开创了数据库的关系方法和关系规范化的理论研究。关系方法由于其理论上的完美和结构上的简单,对数据库技术的发展起了至关重要的作用,成功地奠定了关系数据理论的基石。

1971年,美国数据系统语言协会在正式发表的数据库任务组(database task group,DBTG)中提出了三级抽象模式,即对应用程序所需的部分数据结构描述的外模式、对整个客体系统数据结构描述的概念模式、对数据存储结构描述的内模式,解决了数据独立性的问题。

1974年,IBM公司San Jose研究所成功研制了关系数据库管理系统并投放到软件市场;1976年,美籍华人陈平山提出了数据库逻辑设计的实际(体)联系方法;1978年,新奥尔良发表了DBDWD报告,他把数据库系统的设计过程划分为四个阶段:需求分析、信息分析与定义、逻辑设计和物理设计;1980年,Ulman所著的《数据库系统原理》一书正式出版;1981年,Codd获得了计算机科学的最高奖——图灵奖;1984年,David Mare所著的《关系数据库理论》一书出版,标志着数据库在理论上的成熟。

3)成熟阶段

20世纪80年代至今,数据库理论和应用进入成熟发展时期,易观国际发布了《IT产品和服务——2007年中国数据库软件市场数据监测》,考察了中国数据库管理软件市场。数据显示,中国商业数据库市场2007年度整体规模达到21.72亿元人民币,比去年同期增长15%。从厂商竞争格局来看,国际软件巨头占据市场的绝大多数份额。Oracle、IBM、微软和Sybase牢牢占据国内数据库软件市场前四位,拥有93.8%的市场份额。国产数据库的市场份额在本年度继续提升,正在抓住国家提倡自主创新的机遇,以"有自主知识产权"的产品为契机,满足部委和地方政府的信息整合平台需求。

2008年,中国商业数据库市场整体规模达到了28.25亿元,比上个年度增长了30%,主要是因为中国电子政务建设的大幅增加,以及中国政府对版权的高度重视。其中,Oracle占据了44%的份额,IBM占据了20%的份额、微软占据了18%的份额,Sybase占据了10%的份额,而国产数据库因为在政府的支持下,已经占据了8%的份额,较2007年同比提升了25%。其中,达梦数据库年销售额为6 600万元,为国产数据库中市场份额最大的。国产数据库在中国政府鼓励自主创新的基础下,会占据更大的市场份额。另外,MySQL等开源数据库也占据了大量的政府及中小企事业用户市场,同时,盗版数据库更是占据了中国数据库市场的较大份额,其数值不亚于整个商业数据库的市场份额。

2015年,我国数据库行业市场规模达83.44亿元,较2014年增长12.14亿元,同比增长17%。其中,Oracle的市场份额高达56%,远超排在第二的IBM(15.9%),微软的市场份额排行第三,为9.5%,SAP以8.5%排行第四。Oracle

市场份额比其他数据库的总和还要多。可以看出,数据库产业在我国正在保持高速增长态势。未来,在大数据一系列因素的影响下,中国的数据软件市场规模将以超15%的增长率保持较为稳定的增长。

随着"大数据时代"的到来,在高并发、大数据量、分布式及实时性的要求下,传统的关系型数据库因为其数据模型及预定义的操作模式,在很多情况下不能很好地满足以上的需求,所以新型数据库在如今大数据的场景下,取代了传统关系型数据库成为主导。相信未来随着大数据的发展,新型数据库将会颠覆数据库领域。

2. 数据库的发展历史

1)数据管理的诞生

1951年,Univac系统使用磁带和穿孔卡片进行数据存储。数据库系统的萌芽出现于20世纪60年代。当时计算机开始广泛地应用于数据管理,对数据的共享提出了越来越高的要求。传统的文件系统已经不能满足人们的需要。能够统一管理和共享数据的数据库管理系统(database management system,DBMS)应运而生。数据模型是数据库系统的核心和基础,各种数据库管理系统软件都是基于某种数据模型的。所以通常按照数据模型的特点将传统数据库系统分成网状数据库、层次数据库和关系数据库三类。

最早出现的是网状数据库管理系统。1961年,美国通用电气公司(General Electric,GE)的Bachman成功地开发出世界上第一个网状数据库管理系统,也是第一个数据库管理系统——集成数据存储(integrated data store,IDS),奠定了网状数据库的基础,并在当时得到了广泛的发行和应用。IDS具有数据模式和日志的特征,但它只能在GE主机上运行,并且数据库只有一个文件,数据库所有的表必须通过手工编码来生成。之后,通用电气公司的一个客户——BF Goodrich Chemical公司不得不重写了整个系统,并将重写后的系统命名为集成数据管理系统(integrated data management system,IDMS)。

网状数据库模型对于层次和非层次结构的事物都能比较自然地模拟,在关系数据库出现之前网状数据库要比层次数据库用得更为普遍。在数据库发展史上,网状数据库占有重要地位。

层次数据库是紧随网状数据库出现的。最著名、最典型的层次数据库系统是IBM公司在1968年开发的信息管理系统(information management system,IMS),一种适合其主机的层次数据库。这是IBM公司最早研制的大型数据库系统程序产品。从20世纪60年代末生产,发展到IMSV6,提供群集、N路数据共享、消息队列共享等先进特性的支持。这个具有几十年历史的数据库产品在如今的万维网应用连接、商务智能应用中扮演着新的角色。

1973年,Cullinane公司(即后来的Cullinet软件公司),开始出售Goodrich公司的IDMS改进版本,并且逐渐成为当时世界上最大的软件公司。

2)关系数据库的由来

网状数据库和层次数据库已经很好地解决了数据的集中和共享问题,但是在数据独立性和抽象级别上仍有很大欠缺。用户在对这两种数据库进行存取时,仍然需要明确数据的存储结构,指出存取路径。而后来出现的关系数据库较好地解决了这些问题。

1970年,IBM公司的研究员Codd博士在刊物《Communication of the ACM》上发表了一篇名为《A Relational Model of Data for Large Shared Data Banks》的论文,提出了关系模型的概念,奠定了关系模型的理论基础。尽管之前在1968年Childs已经提出了面向集合的模型,但这篇论文仍被认为是数据库系统历史上具有划时代意义的里程碑。Codd的心愿是为数据库建立一个优美的数据模型。后来Codd又陆续发表多篇文章,论述了范式理论和衡量关系系统的12条标准,用数学理论奠定了关系数据库的基础。关系模型有严格的数学基础,抽象级别比较高,而且简单清晰,便于理解和使用。但是当时也有人认为关系模型是理想化的数据模型,用来实现DBMS是不现实的,尤其担心关系数据库的性能难以接受,更有人视其是当时正在进行中的网状数据库规范化工作的严重威胁。为了促进对问题的理解,1974年国际计算机学会(ACM)牵头组织了一次研讨会,会上开展了一场分别以Codd和Bachman为首的支持和反对关系数据库两派之间的辩论。这次著名的辩论推动了关系数据库的发展,使其最终成为现代数据库产品的主流。

1969年,Codd发明了关系数据库。1970年,关系模型建立之后,IBM公司在San Jose研究所增加了更多的研究人员研究这个项目,这个项目就是著名的R系统(system R)。其目标是论证一个全功能关系DBMS的可行性。该项目结束于1979年,完成了第一个实现结构化查询语言的DBMS。然而,IBM对IMS的承诺阻止了R系统的投产,一直到1980年R系统才作为一个产品正式推向市场。IBM产品化步伐缓慢的三个原因是:IBM重视信誉,重视质量,尽量减少故障;IBM是个大公司,官僚体系庞大;IBM内部已经有层次数据库产品,相关人员不积极,甚至反对。

然而同时,1973年加州大学伯克利分校的Michael Stonebraker和Eugene Wong利用R系统已发布的信息开始开发自己的关系数据库系统Ingres。他们开发的Ingres项目最后由Oracle公司、Ingres公司及硅谷的其他厂商完成商品化。后来,R系统和Ingres系统双双获得ACM的1988年"软件系统奖"。

1976年,霍尼韦尔(Honeywell)公司开发了第一个商用关系数据库系统——Multics Relational Data Store。关系数据库系统以关系代数为坚实的理论基础,经过几十年的发展和实际应用,技术越来越成熟和完善。其代表产品有Oracle、IBM公司的DB2和Informix、微软公司的MS SQL Server、ADABAS D等。

3)结构化查询语言

1974年,IBM的Ray Boyce和Don Chamberlin将Codd关系数据库的12条准

则的数学定义以简单的关键字语法表现出来,里程碑式地提出了结构化查询语言(structured query language,SQL)。SQL 的功能包括查询、操作、定义和控制,是一个综合的、通用的关系数据库语言,同时又是一种高度非过程化的语言,只要求用户指出做什么而不需要指出怎么做。SQL 集成实现了数据库生命周期中的全部操作。SQL 提供了与关系数据库进行交互的方法,它可以与标准的编程语言一起工作。自产生之日起,SQL 便成了检验关系数据库的试金石,而 SQL 标准的每一次变更都指导着关系数据库产品的发展方向。但是,直到 20 世纪 70 年代中期,关系理论才通过 SQL 在商业数据库 Oracle 和 DB2 中使用。

4) 数据库巨人的诞生——甲骨文公司

1976 年,IBM 公司的 Codd 发表了一篇里程碑的论文《R 系统:数据库关系理论》,介绍了关系数据库理论和结构化查询语言。甲骨文公司(Oracle)的创始人 Ellison 非常仔细地阅读了这篇文章,被其内容震惊,这是第一次有人用全面一致的方案管理数据信息。论文作者 Codd 十年前就发表了关系数据库理论,并在 IBM 研究机构开发原型,这个项目就是 R 系统,存取数据表的语言就是 SQL。Ellison 看完后,敏锐地意识到在这个研究基础上可以开发商用软件系统。而当时大多数人认为关系数据库不会有商业价值。Ellison 认为这是他们的机会:他们决定开发通用商用数据库系统 Oracle,这个名字来源于他们曾给美国中央情报局做过的项目名。几个月后,他们就开发了 Oracle 1.0。但这只不过是个玩具,除了完成简单关系查询,不能做任何事情,他们花相当长的时间才使 Oracle 变得可用,维持公司运转主要靠承接一些数据库管理项目和做顾问咨询工作。Oracle 的市值在 1996 年就达到了 280 亿美元。

5) 面向对象数据库

随着信息技术和市场的发展,人们发现关系型数据库系统虽然技术很成熟,但其局限性也是显而易见的:它能很好地处理所谓的"表格型数据",却对技术界出现的越来越多的复杂类型的数据无能为力。20 世纪 90 年代以后,技术界一直在研究和寻求新型数据库系统。但在什么是新型数据库系统发展方向的问题上,产业界一度是相当困惑的。受当时技术风潮的影响,在相当一段时间内,人们把大量的精力花在研究面向对象数据库系统(object-oriented database system,OO 数据库系统)上。值得一提的是,美国的 Stonebraker 教授提出的面向对象数据库理论曾一度受到产业界的青睐,而 Stonebraker 本人也在当时被 Informix 花大价钱聘为技术总负责人。

然而,数年的发展表明,面向对象数据库系统产品的市场发展情况并不理想。理论上的完美性并没有带来市场的热烈反应。其不成功的主要原因在于:这种数据库产品的主要设计思想是企图用新型数据库系统来取代现有的数据库系统。这对许多已经运用数据库系统多年并积累了大量工作数据的客户,尤其是大客户来说,是无法承受新旧数据间的转换而带来的巨大工作量及巨额开支的。另外,面向对象数据库系统使查询语言变得极其复杂,从而使得无论是数据库的开发商还是应用客户都视其复杂的应用技术为畏途。

6) 数据管理的变革

20 世纪 60 年代后期出现了一种新型数据库软件——决策支持系统(decision-making support system,DSS),其目的是让管理者在决策过程中更有效地利用数据信息。于是在 1970 年,第一个联机分析处理工具——Express 诞生了,其他决策支持系统紧随其后,许多是由公司的信息技术(information technology,IT)部门开发出来的。

1985 年,第一个商务智能系统(business intelligence)由 Metaphor 计算机系统有限公司为 Procter & Gamble 公司开发,主要是用来连接销售信息和零售的扫描仪数据。同年,Pilot 软件公司开始出售第一个商用客户—服务器执行信息系统——Command Center。同一年,加州大学伯克利分校的 Ingres 项目演变成 Postgres,其目标是开发出一个面向对象的数据库。此后一年,Graphael 公司开发了第一个商用的对象数据库系统——Gbase。

1988 年,IBM 公司的研究者 Barry Devlin 和 Paul Murphy 发明了一个新的术语——信息仓库。之后,IT 厂商开始构建实验性的数据仓库。1991 年,Bill Inmon 出版了一本名为《建立数据仓库》的书,使得数据仓库真正开始应用。

20 世纪 90 年代,随着基于 PC 的客户—服务器计算模式和企业软件包被广泛采用,数据管理的变革基本完成。数据管理不再仅仅是存储和管理数据,而转变成用户所需要的各种数据管理的方式。因特网的异军突起及 XML 语言的出现,给数据库系统的发展开辟了一片新的天地。

3. 数据库的基本结构和主要特点

1) 数据库的基本结构

数据库的基本结构分三个层次,反映了观察数据库的三种不同角度。分别为以内模式为框架所组成的数据层即物理数据层,以概念模式为框架所组成的数据层即概念数据层,以外模式为框架所组成的数据层即用户数据层。

(1) 物理数据层。它是数据库的最内层,是物理存储设备上实际存储的数据集合。这些数据是原始数据,是用户加工的对象,由内部模式描述的指令操作处理的位串、字符和字组成。

(2) 概念数据层。它是数据库的中间一层,是数据库的整体逻辑表示。指出了每个数据的逻辑定义及数据间的逻辑联系,是存储记录的集合。它所涉及的是数据库所有对象的逻辑关系,而不是它们的物理情况,是数据库管理员概念下的数据库。

(3) 用户数据层。它是用户所看到和使用的数据库,表示了一个或一些特定用户使用的数据集合,即逻辑记录的集合。数据库不同层次之间的联系是通过映射进行转换的。

2)数据库的主要特点

(1)实现数据共享。数据共享包括所有用户可同时存取数据库中的数据,也包括用户可以用各种方式通过接口使用数据库,并提供数据共享。

(2)减少数据的冗余度。同文件系统相比,数据库实现了数据共享,从而避免了用户各自建立应用文件。减少了大量重复数据,减少了数据冗余,维护了数据的一致性。

(3)数据的独立性。包括逻辑独立性(数据库中的逻辑结构和应用程序相互独立)和物理独立性(数据物理结构的变化不影响数据的逻辑结构)。

(4)数据实现集中控制。在文件管理方式中,数据处于一种分散的状态,不同的用户或同一用户在不同处理中,其文件之间毫无关系。利用数据库可对数据进行集中控制和管理,并通过数据模型表示各种数据的组织及数据间的联系。

(5)数据一致性和可维护性,以确保数据的安全性和可靠性。主要包括:①安全性控制,以防止数据丢失、错误更新和越权使用;②完整性控制,保证数据的正确性、有效性和相容性;③并发控制,使在同一时间周期内,允许对数据实现多路存取,又防止用户之间的不正常交互作用。

(6)故障恢复。由数据库管理系统提供一套方法,可及时发现故障和修复故障,从而防止数据被破坏。数据库系统能尽快恢复运行时出现的故障,可能是物理上或是逻辑上的错误,如对系统的误操作造成的数据错误等。

4. 数据库的分类

数据库通常分为层次数据库、网状数据库和关系数据库三种。而不同的数据库是按不同的数据结构来联系和组织的。

1)数据结构模型

(1)数据结构。

所谓数据结构是指数据的组织形式或数据之间的联系。如果用 D 表示数据,用 R 表示数据对象之间存在的关系集合,则将 $DS=(D,R)$ 称为数据结构。

例如,设有一个电话号码簿,它记录了 n 个人的名字和相应的电话号码。为了方便地查找某人的电话号码,将人名和号码按字典顺序排列,并在名字的后面跟随着对应的电话号码。这样,若要查找某人的电话号码,假定他的名字的第一个字母是 Y,那么只需查找以 Y 开头的那些名字就可以了。该例中,数据的集合 D 就是人名和电话号码,它们之间的联系 R 就是按字典顺序的排列,其相应的数据结构就是 $DS=(D,R)$,即一个数组。

(2)数据结构类型。

数据结构又分为数据的逻辑结构和数据的物理结构。数据的逻辑结构是从逻辑的角度(即数据间的联系和组织方式)来观察数据、分析数据,与数据的存储位置无关;数据的物理结构是指数据在计算机中存放的结构,即数据的逻辑结构在计算机中的实现形式,所以物理结构也被称为存储结构。

本书只研究数据的逻辑结构,并将反映和实现数据联系的方法称为数据模型。比较流行的数据模型有三种,即按图论建立的层次结构模型和网状结构模型,以及按关系理论建立的关系结构模型。

2)层次、网状和关系数据库系统

(1)层次结构模型。层次结构模型实质上是一种有根节点的定向有序树(在数学中"树"被定义为一个无向的连通图)。按照层次模型建立的数据库系统称为层次模型数据库系统。信息管理系统(information management system,IMS)是其典型代表。

(2)网状结构模型。按照网状数据结构建立的数据库系统称为网状数据库系统,其典型代表是数据库任务组(DBTG)。用数学方法可将网状数据结构转换为层次数据结构。

(3)关系结构模型。

关系数据结构把一些复杂的数据结构归结为简单的二元关系(即二维表格形式)。由关系数据结构组成的数据库系统被称为关系数据库系统。

在关系数据库中,对数据的操作几乎全部建立在一个或多个关系表格上,通过对这些关系表格的分类、合并、连接或选取等运算来实现数据的管理。

dBASE Ⅱ就是这类数据库管理系统的典型代表。对于一个实际的应用问题(如人事管理问题),有时需要多个关系才能实现。用 dBASE Ⅱ建立起来的一个关系称为一个数据库(或称数据库文件),而把对应多个关系建立起来的多个数据库称为数据库系统。dBASE Ⅱ的另一个重要功能是通过建立命令文件来实现对数据库的使用和管理,对于一个数据库系统相应的命令序列文件,称为该数据库的应用系统。

因此,可以概括地说,一个关系称为一个数据库,若干个数据库可以构成一个数据库系统。数据库系统可以派生出各种不同类型的辅助文件和建立它的应用系统。

5.1.2 结构化查询语言

结构化查询语言(structured query language,SQL)是数据库查询和程序设计的一种编程语言,可以对数据进行存储、查询、更新和管理。

结构化查询语言允许用户在高层数据结构上工作,不要求用户必须指定对数据的存放方法,也不需要用户了解数据存储的具体方式。不同底层结构的不同数据库系统,可以使用相同的结构化查询语言对数据进行管理,语言本身还可以嵌套,具有强大的功能和很大的灵活性。

1. SQL 简介

结构化查询语言(SQL)是最重要的关系数据库操作语言,并且它的影响已经超出数据库领域,得到其他领域的重视和采用,如人工智能领域的数据检索、嵌入第四代软件开发工具等。

1986 年 10 月,美国国家标准局(ANSI)通过了美国数据库语言 SQL 标准,接着国际标准化组织(ISO)颁布了 SQL 正式国际标准。1989 年 4 月,ISO 提出了具有完整性特征的 SQL89 标准。1992 年 11 月又公布了 SQL92 标准,在此标准中,把数据库分为三个级别:基本集、标准集和完全集。

目前,各种不同的数据库对 SQL 的支持与标准存在着细微的不同,这是因为有的产品的开发先于标准的公布。另外,各产品开发商为了达到特殊的性能或新的特性,需要对标准进行扩展。已有 100 多种遍布在从微机到大型机上的 SQL 数据库产品,其中包括 DB2、SQL/DS、Oracle、Ingres、Sybase、SQL Server、dBASE Ⅳ、Paradox、Microsoft Access 等。

SQL 基本上独立于数据库本身和使用的机器、网络、操作系统,基于 SQL 的 DBMS 产品可以运行在从个人机、工作站到基于局域网、小型机和大型机的各种计算机系统上,具有良好的可移植性。可以看出标准化的工作是很有意义的。早在 1987 年就有些有识之士预测 SQL 的标准化是"一场革命",是关系数据库管理系统的"转折点"。数据库和各种产品都使用 SQL 作为共同的数据存取语言和标准的接口,使不同数据库系统之间的相互操作有了共同的基础,进而实现异构机、各种操作环境的共享与移植。

SQL 是一种交互式查询语言,允许用户直接查询存储数据,但不是完整的程序语言,如它没有 DO 或 FOR 类似的循环语句,但可以嵌入到另一种语言中,也可以借用 VB、C、Java 等语言,通过调用接口直接发送到数据库管理系统。SQL 基本上是域关系演算,但可以实现关系代数操作。

2. SQL 发展历史

20 世纪 70 年代初,IBM 公司圣约瑟研究实验室的 Codd 发表了将数据组成表格的应用原则。1974 年,同一实验室的 Chamberlin 和 Boyce 对在研制关系数据库管理系统 R 系统中,研制出一套规范语言 SEQUEL(structured English query language),并在 1976 年 11 月公布新版本 SEQUEL/2,1980 年改名为 SQL。

1979 年,Oracle 公司首先提供商用的 SQL,IBM 公司在 DB2 和 SQL/DS 数据库系统中也实现了 SQL。

1986 年 10 月,美国国家标准学会(ANSI)采用 SQL 作为关系数据库管理系统的标准语言(ANSI X3.135-1986),后为国际标准化组织采纳为国际标准。

1989 年,ANSI 采纳在 ANSI X3.135-1989 报告中定义的关系数据库管理系统的 SQL 标准语言,称为 ANSI SQL 89,该标准替代 ANSI X3.135-1986 版本。

目前(21 世纪初期)主要的关系数据库管理系统支持某些形式的 SQL,大部分数据库都遵守 ANSI SQL 89 标准。

3. SQL 语句结构

结构化查询语言包含 6 个部分:

(1)数据查询语言(data query language,DQL)。其语句也称为数据检索语句,用以从表中获得数据,确定数据怎样在应用程序给出。保留字 SELECT 是 DQL(也是所有 SQL)用得最多的动词,其他 DQL 常用的保留字有 WHERE、ORDER BY、GROUP BY 和 HAVING。这些 DQL 保留字常与其他类型的 SQL 语句一起使用。

(2)数据操作语言(data manipulation language,DML)。其语句包括动词 INSERT、UPDATE 和 DELETE。它们分别用于添加、修改和删除表中的行。也称为动作查询语言。

(3)事务处理语言(transaction processing language,TPL)。其语句能确保被 DML 语句影响的表的所有行及时得以更新。TPL 语句包括 BEGIN TRANSACTION、COMMIT 和 ROLLBACK。

(4)数据控制语言(data control language,DCL)。其语句通过 GRANT 或 REVOKE 获得许可,确定单个用户和用户组对数据库对象的访问。某些 RDBMS 可用 GRANT 或 REVOKE 控制对表单个列的访问。

(5)数据定义语言(data definition language,DDL)。其语句包括动词 CREATE 和 DROP。例如在数据库中创建新表或删除表(CREAT TABLE 或 DROP TABLE)、为表加入索引等。DDL 包括许多与数据库目录中获得数据有关的保留字。它也是动作查询的一部分。

(6)指针控制语言(pointer control language,CCL)。其语句包括 DECLARE CURSOR、FETCH INTO 和 UPDATE WHERE CURRENT,用于对一个或多个表单独行的操作。

4. SQL 的特点

(1)一体化。SQL 集数据定义语言(DDL)、数据操作语言(DML)和数据控制语言(DCL)于一体,可以完成数据库中的全部工作。

(2)使用方式灵活。它具有两种使用方式,既可以直接以命令方式交互使用,也可以嵌入使用,嵌入 C、C++、Fortran、Cobol、Java 等主语言中使用。

(3)非过程化。只提操作要求,不必描述操作步骤,也不需要导航。使用时只需要告诉计算机"做什么",而不需要告诉它"怎么做"。

(4)语言简洁,语法简单,好学好用。在 ANSI 标准中,只包含了 94 个英文单词,核心功能只用 6 个动词,语法接近英语口语。

5. SQL 的数据类型

SQL 的五种数据类型包括:字符型、文本型、数值型、逻辑型和日期型。

1)字符型(varchar 和 char)

varchar 型和 char 型数据的差别是细微的,但是是非常重要的。它们都是用来储存字符串长度小于 255 的字符。

假如向一个长度为 40 个字符的 varchar 型字段中输入数据 Bill Gates,当从这个字段中取出此数据时,取出的数据其长度为 10 个字符(字符串 Bill Gates 的长度)。假如把该字符串输入到长度为 40 个字符的 char 型字段中,当取出数据时,所取出的数据长度是 40 个字符,字符串的后面会被附加多余的空格。

当建立自己的数据库时,会发现使用 varchar 型字段要比 char 型字段方便得多。使用 varchar 型字段时,不需要为剪掉数据中多余的空格而操心。

varchar 型字段的另一个突出的好处是它可以比 char 型字段占用更少的内存和硬盘空间。当数据库很大时,这种内存和磁盘空间的节省会变得非常重要。

2)文本型(text)

使用文本型数据,可以存放超过 20 亿个字符的字符串。当需要存储大量的字符时,应该使用文本型数据。

注意文本型数据没有长度,而字符型数据是有长度的。一个文本型字段中的数据通常要么为空,要么很大。

当从多行文本编辑框(text area)中收集数据时,应该把收集的信息存储于文本型字段中。但是,无论何时,只要能避免使用文本型字段,就应该不使用它。文本型字段很大,滥用文本型字段会使服务器速度变慢,还会吃掉大量的磁盘空间。

一旦向文本型字段中输入了数据(甚至是空值),就会有 2KB 的空间被自动分配给该数据。除非删除该记录,否则无法收回这部分存储空间。

3)数值型

(1)整数(int/tinyint)。

通常,为了节省空间,应该尽可能地使用最小的整型数据。一个 tinyint 型数据只占用 1 个字节;一个 int 型数据占用 4 个字节。这看起来似乎差别不大,但是在比较大的表中,字节数的增长是很快的。一旦已经创建了一个字段,要修改它是很困难的。因此,为安全起见,建立前应该预测字段所需要存储的数值最大可能是多大,然后选择适合的数据类型。

(2)小数(numeric)。

为了能对字段所存放的数据有更多的控制,可以使用 numeric 型数据来同时表示一个数的整数部分和小数部分。numeric 型数据能表示非常大的数,比 int 型数据要大得多。一个 numeric 型字段可以存储 $-10^{38} \sim 10^{38}$ 范围内的数。numeric 型数据还能表示有小数部分的数,例如可以在 numeric 型字段中存储小数 3.14。

(3) 钱数(money/smallmoney)。

可以使用 int 型或 numeric 型数据来存储钱数。但是，专门有另外两种数据类型用于此目的。money 型数据可以存储－922 337 203 685 477.580 8～922 337 203 685 477.580 7范围内的钱数。如果需要存储比这还大的金额，可以使用numeric型数据。smallmoney 型数据只能存储－214 748.364 8～214 748.364 7 范围内的钱数。如果可以的话，应该用 smallmoney 型来代替 money 型数据，以节省空间。

4) 逻辑型(bit)

如果使用复选框(check box)从网页中搜集信息，可以把此信息存储在 bit 型字段中。bit 型字段只能取两个值：0 或 1。当创建好一个表后，不能向表中添加 bit 型字段。如果打算在一个表中包含 bit 型字段，必须在创建表时完成。

5) 日期型(datetime/smalldatetime)

一个 datetime 型的字段可以存储的日期范围是 1753 年 1 月 1 日第一毫秒到 9999 年 12 月 31 日最后一毫秒。

如果不需要覆盖这么大范围的日期和时间，可以使用 smalldatetime 型数据。它与 datetime 型数据使用方法一样，只不过它能表示的日期和时间范围比 datetime 型数据小，而且不如 datetime 型数据精确。一个 smalldatetime 型的字段能够存储从 1900 年 1 月 1 日到 2079 年 6 月 6 日的日期，它只能精确到秒。datetime 型字段在输入日期和时间之前并不包含实际的数据。

6. SQL 的组成

SQL 由命令(函数)、子句、运算符、加总函数及通配符等组成。

1) 命令

SQL 的命令可分成数据定义语言和数据操作语言。数据定义语言可用来建立新的数据库、数据表、字段及索引等，本书不予介绍；数据操作语言可用来建立查询表，以及进行排序、筛选数据、修改、增删等动作。数据定义语言命令常用的有选择、添加、删除和修改，如表 5.1 所示。

表 5.1 SQL 命令

命令	中文含义	说明
SELECT	选择	用于找出合乎条件的记录
INSERT	插入	用于增加一笔记录或合并两个数据表
UPDATE	更新	用于更正合乎条件的记录
DELETE	删除	用于删除合乎条件的记录

2) 子句

子句是用于设定命令要操作的对象(即参数)，SQL 所用的子句如表 5.2

所示。

表 5.2 SQL 子句

子句	中文含义	说明
FROM	数据表	用于指定数据表
WHERE	条件	用于设定条件
GROUP BY	分组（合并）	用于设定分组
ORDER BY	排序	用于设定输出的顺序及字段

3）运算符

子句参数中的运算符使子句构成不同的语法格式，如"字段1＝"100""""字段1＞"100""等。运算符又分逻辑运算符与比较运算符，如表 5.3 所示。

表 5.3 SQL 运算符

类别	运算符	中文含义	说明
逻辑运算符	AND	并且	逻辑且
	OR	或者	逻辑非
	NOT	取反	逻辑非或逻辑反
比较运算符	<		小于
	≤		小于等于
	≥		大于等于
	>		大于
	=		等于
	<>		不等于
	BETWEEN	在……之间	用于设定范围
	LIKE	如同	用于通配设定
	IN	在……之内	用于集合设定

4）加总函数

加总函数常常运用在命令的参数中，如"SELECT SUM（数学），AVG（数学）FROM 成绩单"，如表 5.4 所示。

表 5.4 SQL 加总函数

加总函数	中文含义	说明
AVG	平均	用于求指定条件的平均
COUNT	数量	用于求指定的数量
SUM	和	用于求指定条件的和

续表

加总函数	中文含义	说明
MAX	最大值	用于求指定条件的最大值
MIN	最小值	用于求指定条件的最小值

5)通配符

通配符如表 5.5 所示。

表 5.5　SQL 通配符

通配符	说明
%	任何长度的字符串(包括 0)
_	下划线表示任何一个字符
[ ]	中括号表示某个范围内的一个字符

5.1.3　SQL Server 的安装与常用操作

SQL Server 2008 推出了许多新的特性和关键的改进,使它成为至今为止最强大和最全面的 SQL Server 版本,故本节相关操作均以 SQL Server 2008 为例。

1. SQL Server 2008 的安装

(1)在安装文件 setup.exe 上右键单击选择【以管理员身份运行】,如图 5.1 所示。

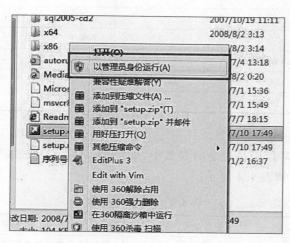

图 5.1　SQL Server 2008 安装界面

(2)单击安装光盘中的 setup.exe 安装文件,打开如图 5.2 所示的【SQL Server 安装中心】对话框。

第 5 章　地物属性服务的开发

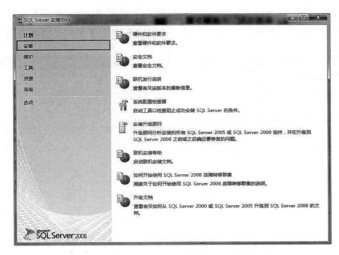

图 5.2　【SQL Server 安装中心】对话框

（3）选择左边的【安装】选项，单击右边的【全新 SQL Server 独立安装或向现有安装添加功能】选项，如图 5.3 和图 5.4 所示。

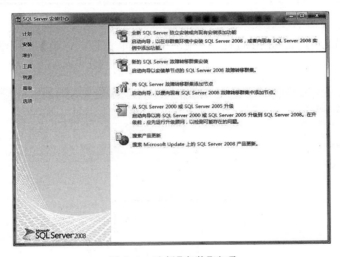

图 5.3　选择【安装】选项

图 5.4　单击【全新 SQL Server 独立安装或向现有安装添加功能】选项

(4)在打开的【SQL Server 2008 安装程序】对话框中,出现【安装程序支持规则】选项。可以看到,一些检查已经通过了,单击【确定】按钮,如图5.5所示。

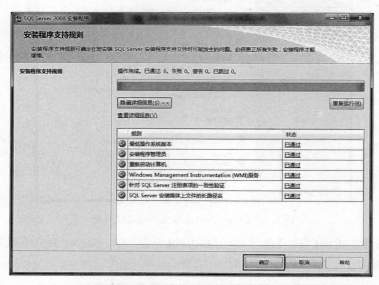

图 5.5 【安装程序支持规则】选项

(5)出现输入产品密钥的提示,输入密钥,单击【下一步】按钮继续安装,如图 5.6 所示。

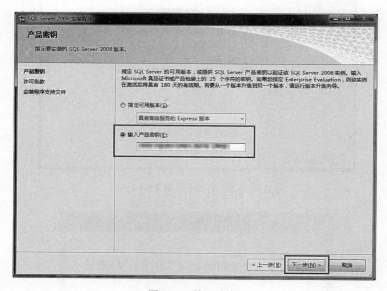

图 5.6 输入密钥

(6)在接下来的许可条款页面中选择【我接受许可条款】选项,单击【下一步】按钮继续安装,如图 5.7 所示。

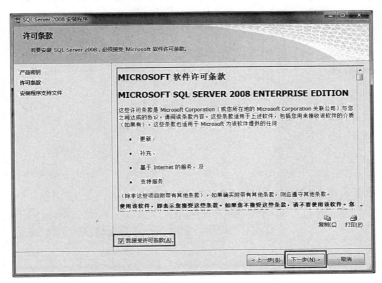

图 5.7　选择【我接受许可条款】选项

(7)在出现的【安装程序支持文件】页面中,单击【安装】按钮继续,如图 5.8 所示。

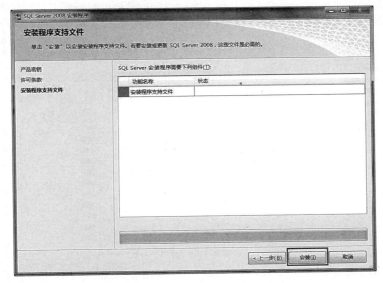

图 5.8　【安装程序支持文件】页面

(8)安装程序支持文件的过程如图5.9所示。

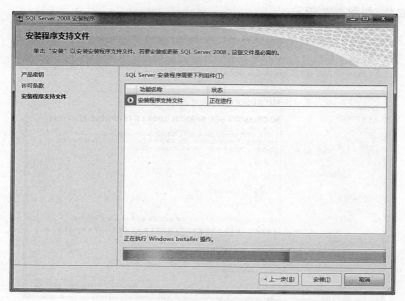

图5.9 安装程序支持文件的过程

(9)之后出现了【安装程序支持规则】页面,只有符合规则才能继续安装,单击【下一步】按钮继续安装,如图5.10所示。

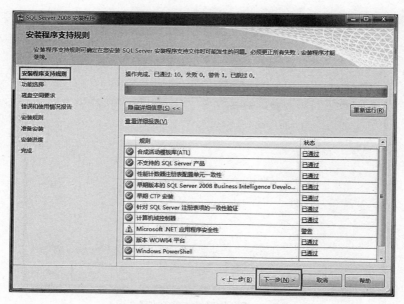

图5.10 【安装程序支持规则】页面

（10）在【功能选择】页面中，单击【全选】按钮，并设置共享功能目录，单击【下一步】继续，如图 5.11 所示。

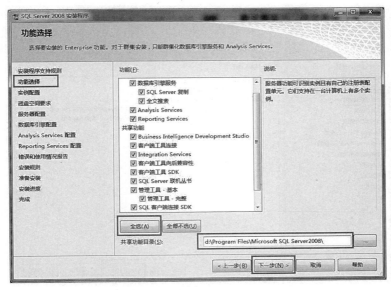

图 5.11 【功能选择】页面

（11）在【实例配置】页面中，选择【默认实例】，并设置实例根目录，单击【下一步】按钮继续，如 5.12 图所示。

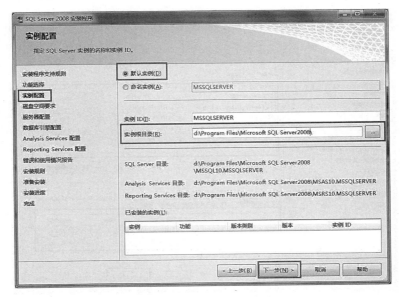

图 5.12 【实例配置】页面

（12）在【磁盘空间要求】页面中，显示了安装软件所需的空间，单击【下一步】继续，如图 5.13 所示。

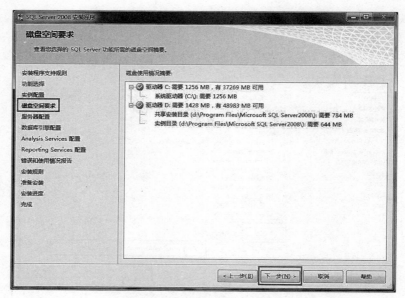

图 5.13 【磁盘空间要求】页面

（13）在【服务器配置】页面中，根据需要进行设置，单击【下一步】按钮继续安装，如图 5.14 所示。

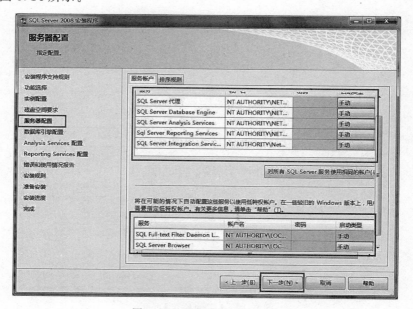

图 5.14 【服务器配置】页面

(14)在【数据库引擎配置】页面中,设置身份验证模式为【混合模式】,输入数据库管理员的密码,并单击【添加当前用户】按钮,之后单击【下一步】按钮继续安装,如图 5.15 所示。

图 5.15 【数据库引擎配置】页面

(15)在【Analysis Services 配置】页面中,单击【添加当前用户】按钮,再单击【下一步】按钮,如图 5.16 所示。

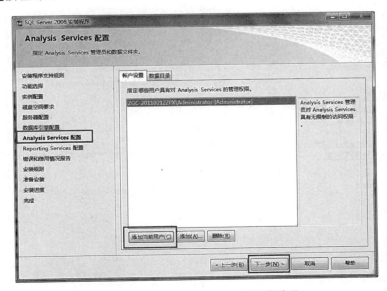

图 5.16 【Analysis Services 配置】页面

(16)在【Reporting Services 配置】页面中，按照默认的设置，单击【下一步】按钮，如图 5.17 所示。

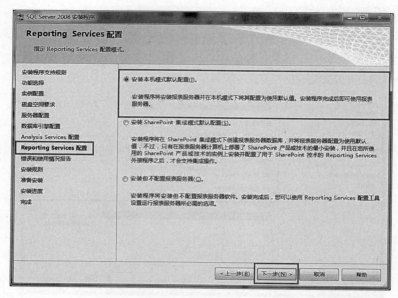

图 5.17 【Reporting Services 配置】页面

(17)在【错误和使用情况报告】页面中，根据自己的需要进行选择，单击【下一步】按钮继续安装，如图 5.18 所示。

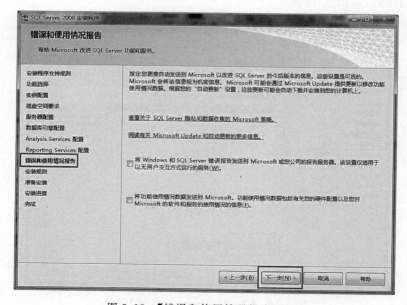

图 5.18 【错误和使用情况报告】页面

(18) 在【安装规则】页面中,如果全部通过,单击【下一步】按钮继续,如图 5.19 所示。

图 5.19 【安装规则】页面

(19) 在【准备安装】页面中,可以看到安装的功能选项,单击【下一步】继续安装,如图 5.20 所示。

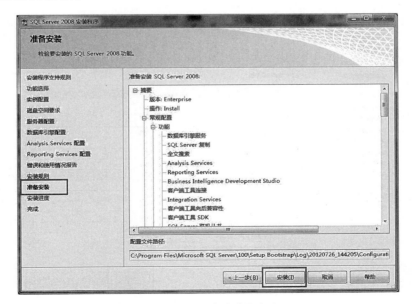

图 5.20 【准备安装】页面

(20)在【安装进度】页面中,可以看到正在安装 SQL Server 2008,如图 5.21 所示。

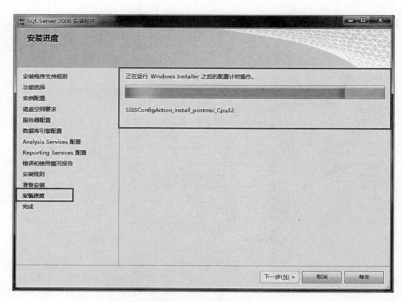

图 5.21 【安装进度】页面

(21)SQL Server 2008 安装过程完成,显示没有错误,单击【下一步】按钮继续,如图 5.22 所示。

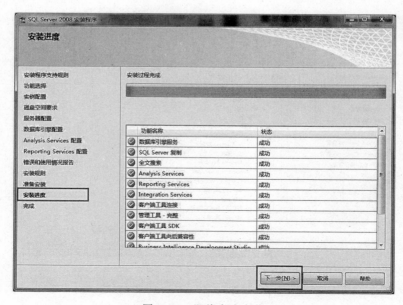

图 5.22 即将完成安装

(22) 在【完成】页面中,可以看到"SQL Server 2008 安装已成功完成"的提示,单击【关闭】按钮,结束安装,如图 5.23 所示。

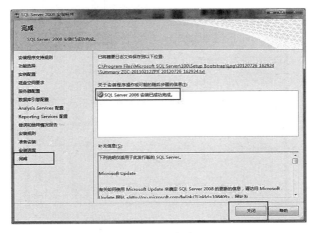

图 5.23 安装完成

(23) 启动 SQL Server 2008,选择【开始】菜单中的【Microsoft SQL Server 2008】下的【SQL Server 配置管理器】选项,启动 SQL Server 服务,如图 5.24 和图 5.25 所示。

图 5.24 启动 SQL Server 2008

图 5.25 启动 SQL Server 服务

（24）最后，启动微软提供的集成工具，单击图 5.24 中【SQL Server Management Studio】选项打开界面，输入用户名和密码进入 SQL Server Management Studio，如图 5.26 和图 5.27 所示。

图 5.26　输入用户名和密码

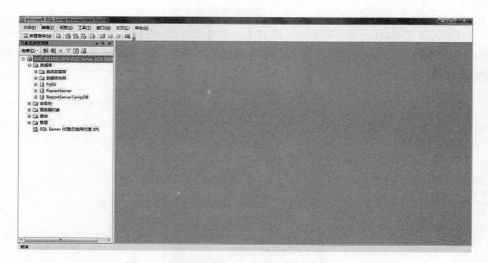

图 5.27　进入 SQL Server Management Studio

2. SQL Server 2008 的常用操作

1）获取数据库中用户表信息

（1）获取特定库中所有用户表信息，代码如下：

```
select* from sys.tables
select* from sys.objects where type='U'- - 用户表
```

注：第二条语句中当 type='S'时是系统表。

（2）获取表的字段信息，代码如下：

```
select* from sys.columns where object_id= object_id('表名')
select* from syscolumns where id= OBJECT_ID('表名')
```

(3) 获取当前库中表的字段及类型信息,代码如下:

```
select'字段名'= a.name,
'类型名'= b.name,
'字段长度'= a.max_length,
'参数顺序'= a.column_id
From sys.columns a left join sys.types b
On a.user_type_id= b.user_type_id where object_id= object_id('表名')
```

syscolumns 与 sys.columns 表用法类似。

2) 获取索引或主键信息

(1) 获取对象及对应的索引的信息,代码如下:

```
select'对象名'= A.name,
'对象类型'= a.type,
'索引名'= B.name,
'索引类型'= caseb.typewhen1then'聚集索引'
when2then'非聚集索引'
when3then'xml 索引'
else'空间索引'end,
'主键否'= case when b.is_primary_key= 1 then '主键'
else''end
FROM sys.objects A JOIN sys.indexes B ON A.object_id= B.object_id
WHERE A.type= 'U' AND B.name IS NOT NULL order by a.name
```

(2) 获取表的主键及对应的字段,代码如下:

```
A. select'表名'= d.name,'主键名'= a.name,'字段名'= c.name
From sys.indexes a join sys.index_columns b
On a.object_id= b.object_id and a.index_id= b.index_id join sys.columns c
on a.object_id= c.object_id and c.column_id= b.column_id
Join sys.objects d on d.object_id= c.object_id where a.is_primary_key= 1
B. SELECT'表名'= OBJECT_NAME(b.parent_obj),
'主键名'= c.name,
'字段名'= a.name
FROM syscolumns a,sysobjects b,sysindexes c,sysindexkeys d
WHERE b.xtype = 'PK' AND b.parent_obj = a.id AND c.id = a.id、AND
b.name = c.name AND d.id = a.id
AND d.indid = c.indid AND a.colid = d.colid
C. select'所属架构'= s.name,
```

```
'表名' = t.name,
'主键名' = k.name,
'列名' = c.name,
'键列序数' = ic.key_ordinal
From sys.key_constraints as k
Join sys.tables as t
On t.object_id =  k.parent_object_id
Join sys.schemas as s
On s.schema_id =  t.schema_id
Join sys.index_columns as ic
On ic.object_id =  t.object_id
And ic.index_id =  k.unique_index_id
Join sys.columns as c
On c.object_id =  t.object_id
And c.column_id =  ic.column_id where k.type =   'pk';
```

(3)使用系统存储过程获取指定表的主键信息，代码如下：

```
EXEC sp_pkeys '表名'
```

注：表名只能是当前数据库下的单独表名，不能带上架构名。

(4)查询哪些表创建了主键，代码如下：

```
select '表名' = a.name from
(select name, object_id from sys.objects where type= 'u') a left join
sys.indexes b
on a.object_id= b.object_id and b.is_primary_key= 1
where b.name is not null
```

注：查询哪些表没有创建主键，将上述代码中where条件改成 is null 即可。

3)查找视图信息

(1)查看视图属性信息，代码如下：

```
Exec sp_help '视图名'
```

(2)查看创建视图脚本，代码如下：

```
Exec sp_helptext '视图名'
```

(3)查看当前数据库所有视图基本信息，代码如下：

```
select* from sys.views
select* from sys.objects where type= 'V'
select* from INFORMATION_SCHEMA.VIEWS
```

(4)查看视图对应的字段及字段属性，代码如下：

```
select'视图名'= a.name,
'列名'= b.name,
'字段类型'= TYPE_NAME(b.system_type_id),
'字段长度'= b.max_length
From sys.views a join sys.columns b
On a.object_id= b.object_id order by a.name
```

(5)获取视图中的对象信息,代码如下:

```
Exec sp_depends'视图名'
```

4)查看存储过程信息
(1)查看基本信息,代码如下:

```
select* from sys.procedures
select* from sys.objects where type= 'P'
```

(2)查看存储过程创建文本,代码如下:

```
sp_helptext'存储过程名称'
select text from syscomments where id= object_id(存储过程名称)
```

(3)查看存储过程的参数信息,代码如下:

```
A. select'参数名称'= name,
'类型'= type_name(xusertype),
'长度' = length,
'参数顺序' = colid
From syscolumns
Where id= object_id(存储过程名称)
B. select '参数名称' = name,
'类型' = type_name(system_type_id),
'长度' = max_length,
'参数顺序'= parameter_id
From sys.parameters
Where object_id= object_id(存储过程名称)
```

返回当前环境中可查询的指定表或视图的列信息,代码如下:

```
Exec sp_columns 表名
Select * from sys.columns where object_id= OBJECT_id(表名)
Select * from sys.syscolumns where id= OBJECT_ID(表名)
Select * from information_schema.columns where TABLE_NAME= 表名
```

(4)查询存储过程或函数的参数的详细信息,代码如下:

```
Select * from sys.parameters where object_id= object_id(函数或存储过
程名称)
```

5)获取所有数据库信息

(1)获取数据库的基本信息,代码如下:

```
Select name from sysdatabases order by name
```

(2)获取某个数据库的文件信息,代码如下:

```
Select * from [数据库名].[架构名].sysfiles
```

(3)获取数据库磁盘使用情况,代码如下:

```
Exec sp_spaceused
```

(4)获取数据库中表的空间使用情况,代码如下:

```
IF OBJECT_ID('tempdb..# TB_TEMP_SPACE') IS NOT NULL DROP TABLE
# TB_TEMP_SPACE
GO
CREATE TABLE # TB_TEMP_SPACE(
NAME VARCHAR(500)
,ROWS INT
,RESERVED VARCHAR(50)
,DATA VARCHAR(50)
,INDEX_SIZE VARCHAR(50)
,UNUSED VARCHAR(50)
)
GO
SP_MSFOREACHTABLE 'INSERT INTO # TB_TEMP_SPACE exec sp_
spaceused''?'''
  GO
  SELECT *
  FROM # TB_TEMP_SPACE
  ORDER BY REPLACE(DATA,'KB','')+ 0 DESC
```

6)获取触发器的相关信息

(1)查看触发器定义及相关属性信息,代码如下:

```
Exec sp_helptrigger ['表名'][,['触发器类型']]
```

注:参数二为可选,省略参数二时返回该表中所有类型的触发器属性。

(2)获取触发器的创建脚本,代码如下:

```
Exec sp_helptext '触发器名'
```

(3)查看表中禁用的触发器,代码如下:

```
Select name from sys.triggers where parent_id= object_id('表名') and is_disabled= 1
```

注:is_disabled=0 时为启用的触发器。

(4)获取触发器的父类名、对象类型、触发器名、触发器状态和触发器类型信息,代码如下:

```
Select '父类名'= a.name,
'对象类型'= a.type,
'触发器名'= b.name,
'触发器状态'= case when b.is_disabled= 1 then'禁用'else '启用'end,
'触发器类型'= case when b.is_instead_of_trigger= 1 then 'instead of'
Else 'after' end
From sys.objects a join sys.triggers b on a.object_id= b.parent_id
```

注:若查询单个表或视图的触发器信息,需加上 a.object_id=object_id(表名)的条件。

(5)禁用和启用触发器命令,代码如下:

```
禁用:alter table 表名
     disabletrigger 触发器名
启用:alter table 表名
     enabletrigger 触发器名
```

注:禁用或启用多个触发器,触发器名之间用逗号隔开;禁用或启用表中全部触发器,将触发器名换成 ALL。

(6)指定第一个或最后一个触发的 after 触发器,代码如下:

```
Exec sp_settriggerorder'触发器名','执行顺序','触发事件'
```

(7)查询触发触发器的对应事件,代码如下:

```
Select * from sys.trigger_events where object_id= object_id('触发器名')
```

(8)重命名触发器,代码如下:

```
Exec sp_rename 旧名,新名
```

7)SQL 创建登录名、数据库用户、数据库角色及分配权限

(1)sp_addlogin 新增登录账号存储过程,代码如下:

```
sp_addlogin [@ loginame= ]'login'-- 登录名
[, [@ passwd = ] 'password']-- 登录密码
[, [@ defdb = ]'database']-- 默认数据库
[, [@ deflanguage= ]'language']-- 默认语言
[, [@ sid = ] sid ]-- 安全标识号
[, [@ encryptopt= ]'encryption_option']-- 密码传输方式
```

(2)sp_grantlogin 创建 SQL server 登录名,代码如下:

```
sp_addlogin [ @ loginame = ] 'login'-- 登录名
```

(3)sp_droplogin 删除登录账号存储过程,代码如下:

```
sp_droplogin [@ loginame= ] 'login'-- 登录名
```

(4)sp_grantdbaccess 将数据库用户添加到当前数据库,代码如下:

```
sp_grantdbaccess[@ loginame= ] 'login'-- 登录名
[, [@ name_in_db = ] 'name_in_db'OUTPUT]]-- 数据库用户名
```

(5)sp_addrole 创建数据库角色,代码如下:

```
sp_addrole[@ rolename = ] 'role'-- 角色名
[,[@ ownername= ]'owner']-- 角色所有者
```

(6)sp_addrolemember 为角色添加成员,代码如下:

```
sp_addrolemember [ @ rolename = ]'role'-- 角色名
[@ membername= ]'security_account'-- 成员用户
```

(7)sp_droprolemember 删除角色成员,代码如下:

```
sp_helprole [[ @ rolename = ]'role']
```

8)返回当前数据库中有关角色的信息
(1)创建登录名,代码如下:

```
exec sp_addlogin '登录名','密码','默认数据库'
create login 登录名 with password= '密码',default_database= 默认数据库
```

(2)为指定登录名创建指定数据库上的用户,代码如下:

```
execute sp_grantdbaccess '登录名','用户'
create user 用户名 for login 登录名
```

(3)授予用户拥有表的权限,代码如下:

grant 权限 on 对象 to 用户

(4) 添加数据库角色，代码如下：

Execute sp_addrole '角色名'
create role 角色名 authorization 拥有新角色的数据库用户或角色

(5) 添加角色的成员，代码如下：

execute sp_addrolemember '角色名','用户名'

(6) 设置角色拥有对象的权限，代码如下：

grant 权限 on 对象名 to 角色名

(7) 创建用户并分配权限，代码如下：

```
- - 新增登录名
create login administor with password= '123',default_database= Mail
- - 新增用户
use Mail
create user admins for login administor
- - 为用户分配权限
grant select on A_Area to admins
- - 取消分配的权限
revoke select on A_Area to admins
- - 新增角色
create role ins
- - 为角色分配权限
grant select on A_MailZT to ins with grant option
- - 删除角色对表 A_MailZT 的查询权限
revoke select on A_Mailzt to ins CASCADE
- - 添加角色 ins 成员 admins
exec sp_addrolemember 'ins','admins'
- - 删除角色 ins 成员 admins
exec sp_droprolemember 'ins','admins'
- - 删除角色   必须先删除角色中所有成员
drop role ins
- - 删除用户
drop user admins
- - 删除登录账户
drop login administer
```

9) 查看数据库关于权限的信息
代码如下：

```
- - 查询当前数据库角色信息
exec sp_helprole 角色名
- - 提供有关每个数据库中的登录及相关用户的信息
exec sp_helplogins 登录名
- - 报告有关当前数据库中数据库级主体的信息
exec sp_helpuser 当前数据库用户或角色名
- - 返回有关当前数据库中某个角色的成员的信息
exec sp_helprolemember 角色名
- - 返回 SQL Server 固定服务器角色的列表
exec sp_helpsrvrole 固定服务器角色名
```

10) SQL 数据库批量分配权限

代码如下：

```
declare @ sql varchar(max)= ''
select @ sql= @ sql+ 'grant insert on '+ name + ' to admins '+ CHAR(10)
from sysobjects where name like 'a % '
exec (@ sql)
```

11) 备份和还原数据库

(1) 创建备份设备，代码如下：

```
sp_addumpdevice [ @ devtype = ] 'device_type' - - 备份设备类型
, [ @ logicalname = ] 'logical_name' - - 备份设备逻辑名称
, [ @ physicalname = ] 'physical_name' - - 物理名称
exec sp_addumpdevice 'disk', 'mydiskdump', 'd:\dump1.bak';
```

注：添加逻辑名为 mydiskdump、物理名为 dump1.bak 的 disk 类型的备份设备。

(2) 删除备份设备，代码如下：

```
sp_dropdevice [ @ logicalname = ] 'device'- - 备份设备逻辑名称
[ , [ @ delfile = ] 'delfile' ]- - 指定物理备份设备文件是否应删除
exec sp_dropdevice 'mydiskdump','delfile';
```

注：参数'delfile'不选时，只将备份设备的逻辑名从数据库引擎中删除，并删除对应 master.sysdevices 表中的项；参数'delfile'选择时，会同时删除对应的物理备份设备的文件。

(3) 查询数据库引擎中备份设备的信息，代码如下：

```
select * from master..sysdevices
select * from sys.backup_devices
```

(4) 备份数据库，代码如下：

```
backup database mail to disk=备份文件
backup database 数据库名 to 备份设备
```

(5)数据库快照恢复,代码如下:

```
--创建数据库 DemoDB
create database DemoDB
on primary
(name='DemoDB_data',filename='d:\Demodb_log.mdf',size=5MB,maxsize=10MB)
log on
(name='DemoDB_log',filename='d:\Demodb_log.ldf',size=2MB,maxsize=10MB)
go
--在 DemoDB 创建数据表 T1 和 T2
use DemoDB
create table T1(id int,name char(8),address char(13))
go
create table T2(id int,name char(8),address char(13))
go
--在 DemoDB 数据库的 T1 和 T2 插入数据
use DemoDB
Insert into T1 values(1,'jacky','suzhou')
Insert into T1 values(2,'Hellen','shanghai')
Insert into T2 values(1,'Tom','beijing')
Insert into T2 values(2,'Alice','hangzhou')
Go
--为 DemoDB 数据库创建数据库快照 DemoDB_dbsnapshot_200510201600
create database DemoDB_dbsnapshot_200510201600 on
(name = 'DemoDB_data', filename = 'd:\DemoDB_dbsnapshot_201203091700.mdf')
as snapshot of DemoDB
go
--在数据库快照和数据库中查询 T1 和 T2 表
use DemoDB_dbsnapshot_200510201600
select * from dbo.T1
select * from dbo.T2
go
use DemoDB--在数据库中查看表 T1 和 T2
select * from dbo.T1
select * from dbo.T2
```

```
go
- - 在数据库中修改 T1 和 T2
use DemoDB
update T1
set name= 'Tony' where id= 1 - - 在 DemoDB 中更新数据
go
delete from T1 where id= 2- - 在 DemoDB 中删除数据
go
drop Table T2 - - 删除 T2 表
go
- - 在数据库快照和数据库中查询 T1 和 T2 表
use DemoDB_dbsnapshot_200510201600
select * from T1
select * from T2
go
use DemoDB
select * from T1
select * from T2
go
- - 使用数据库快照还原在 DemoDB 数据库的 T1 表误删除和更新的数据
update DemoDB. dbo. T1
set name= (select name from DemoDB_dbsnapshot_200510201600. dbo. T1 where id= 1) where id= 1
go
insert into DemoDB. dbo. T1
select * from DemoDB_dbsnapshot_200510201600. dbo. T1 where id= 2
go
- - 使用数据库快照还原在 DemoDB 数据库误删除的 T2 表
use DemoDB
- - 复制剪贴板中的创建 T2 的语句
go
select * into DemoDB. dbo. T2 from DemoDB_dbsnapshot_200510201600. dbo. T2
go
- - 在数据库快照和数据库中查询 T1 和 T2 表
use DemoDB
select * from T1
select * from T2
go
use DemoDB_dbsnapshot_200510201600
select * from T1
select * from T2
```

```
go
- - 在 DemoDB 中更新数据
use DemoDB
update T1 set name= 'Funny' where id= 1
go
- - 在数据库快照和数据库中查询 T1 和 T2 表
select * from Demodb.dbo.T1
select * from DemoDB_dbsnapshot_200510201600.dbo.T1
select * from DemoDB_dbsnapshot_200510201600.dbo.T2
- - 在 DemoDB 中更新数据
use DemoDB
update T1 set name= 'Bob' where id= 1
go
select * from DemoDB_dbsnapshot_200510201600.dbo.T2
/* 使用数据库快照还原整个数据库*/
- - 使用数据库快照恢复 DemoDB 数据库
use master
restore Database DemoDB from
Database_snapshot= 'DemoDB_dbsnapshot_200510201600'
- - 删除数据库快照和数据库
use master
drop database DemoDB_dbsnapshot_200510201600
drop Database DemoDB
```

注：如果需要周期创建快照，可以创建作业。

5.1.4 PostgreSQL 的安装与常用操作

1. PostgreSQL 的安装

（1）PostgreSQL 的安装过程非常简单，如图 5.28 所示，开始安装。

图 5.28 PostgreSQL 安装界面

（2）选择程序安装目录，如图 5.29 所示。

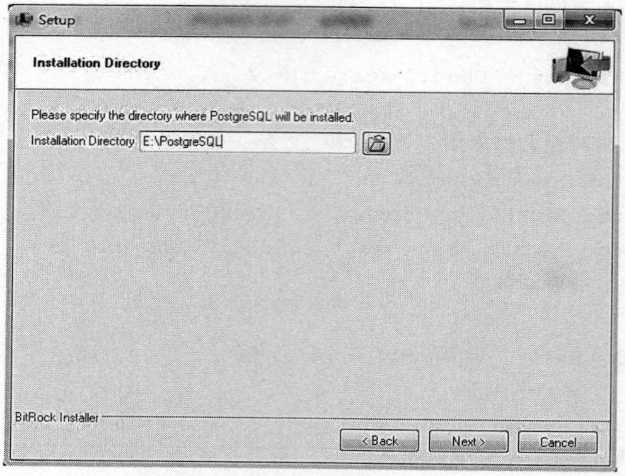

图 5.29　选择安装目录

安装 PostgreSQL 的分区最好是 NTFS 格式的。PostgreSQL 的首要任务是要保证数据的完整性，而 FAT 和 FAT32 文件系统不能提供这样的可靠性保障，而且 FAT 文件系统缺乏安全性保障，无法保证原始数据在未经授权的情况下不被更改。此外，PostgreSQL 所使用的"多分点"功能完成表空间的这一特征在 FAT 文件系统下无法实现。

然而，在某些系统中，只有一种 FAT 分区，这种情况下，可以正常安装 PostgreSQL，但不要进行数据库的初始化工作。安装完成后，在 FAT 分区上手动执行 initdb.exe 程序即可，但不能保证其安全性和可靠性，并且建立表空间也会失败。

（3）选择数据存放目录，如图 5.30 所示。

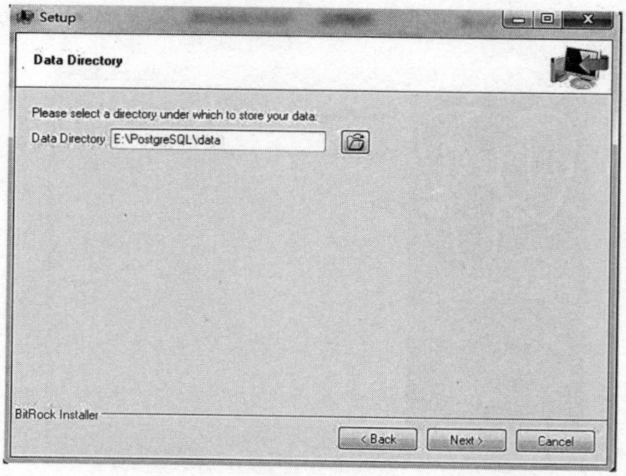

图 5.30　选择数据存放目录

(4)输入数据库超级用户和创建操作系统用户的密码,如图 5.31 所示。

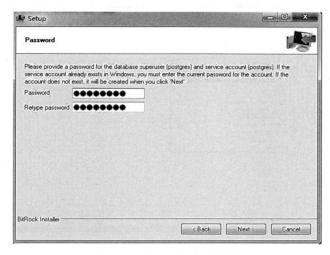

图 5.31　输入用户名及密码

数据库超级用户是一个非管理员账户,这是为了减少黑客利用在 PostgreSQL 发现的缺陷对系统造成损害的情况,因此需要对数据库超级用户设置密码,安装程序自动建立的服务用户的用户名默认为 postgres。

(5)设置服务监听端口,默认为 5432,如图 5.32 所示。

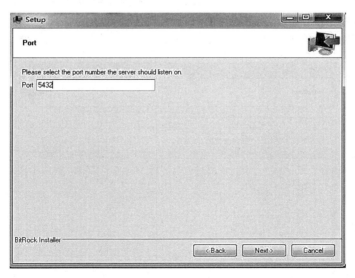

图 5.32　设置服务监听端口

(6)选择运行时的语言环境,如图 5.33 所示。

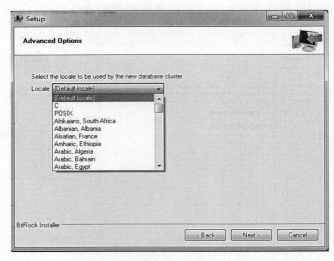

图 5.33　选择运行语境

在选择语言环境时,若 PostgreSQL 安装包是 8.2 以后的版本,选择【Default locale】会导致安装不正确;同时,PostgreSQL 不支持 GBK 和 GB 18030 作为字符集,如果选择其他 4 个中文字符集,即中文繁体 香港(Chinese[Traditional],Hong Kong S. A. R.)、中文简体 新加坡(Chinese[Simplified],Singapore)、中文繁体 台湾(Chinese[Traditional],Taiwan)和中文繁体 澳门(Chinese[Traditional],Marco S. A. R.),会导致查询结果和排序效果不正确。建议选择 C,即不使用区域。

(7)安装过程约 2 分钟,如图 5.34 所示。

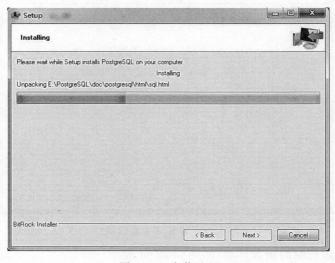

图 5.34　安装过程

(8) 安装完成,如图 5.35 所示。

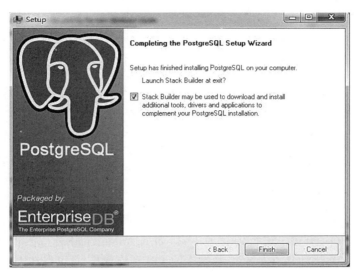

图 5.35　安装完成

安装完成后,从【开始】菜单可以查找 PostgreSQL,如图 5.36 所示。

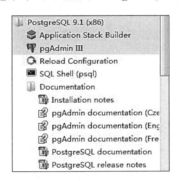

图 5.36　【开始】菜单查找 PostgreSQL

PostgreSQL 的安装目录如图 5.37 所示。其中:data 文件夹存放数据文件、日志文件、控制文件、配置文件等;uninstall-postgresql.exe 用于卸载已安装的数据库管理系统;pg_env.bat 里配置了数据库的几个环境变量。

2. PostgreSQL 的管理系统——pgAdmin

针对每种数据库管理系统,都有相当多的设计与管理工具(可视化界面管理工具)。有的是数据库厂商自己提供的(一般都至少有一个),有的是第三方公司开发的,有的是用户自己写的简单易用的管理工具。如 Oracle 的 Oracle SQL Developer(厂商自己开发)等、PLSQL Developer(第三方公司开发)、SQL Server Management Studio(厂商自己开发)等也可以登录开源中国网站(http://

www.oschina.net/project），该网站提供个人或组织开发的简易小巧的管理工具。

名称	修改日期	类型	大小
bin	2013/2/25 11:03	文件夹	
data	2013/2/25 11:06	文件夹	
doc	2013/2/25 11:02	文件夹	
include	2013/2/25 11:02	文件夹	
installer	2013/2/25 11:02	文件夹	
lib	2013/2/25 11:03	文件夹	
pgAdmin III	2013/2/25 11:02	文件夹	
scripts	2013/2/25 11:02	文件夹	
share	2013/2/25 11:03	文件夹	
StackBuilder	2013/2/25 11:02	文件夹	
symbols	2013/2/25 11:03	文件夹	
pg_env.bat	2013/2/25 11:06	Windows 批处理...	1 KB
uninstall-postgresql.exe	2013/2/25 11:06	应用程序	6,073 KB

图 5.37　PostgreSQL 安装目录

PostgreSQL 有很多流行的管理工具，如 pgAdmin、navicat_pgsql、phppgsql 等。pgAdmin 是一个针对 PostgreSQL 数据库的设计和管理接口，可以在大多数操作系统上运行。软件用 C++ 编写，具有很优秀的性能。pgAdmin 是与 PostgresSQL 分开发布的，可以从 www.pgadmin.org 下载。目前，安装全功能的 PostgreSQL 数据库，自带该管理工具。打开 pgAdmin，可以看到本地数据库的属性，如图 5.38 所示。

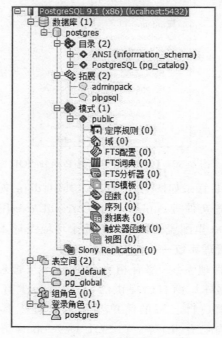

图 5.38　本地数据库的属性

由图 5.38 可以看出,新安装的 PostgreSQL 数据库管理系统带有一个数据库 postgres 和已建好的两个表空间 pg_default、pg_global。

利用 initdb.exe 初始化两个默认表空间 pg_default、pg_global。数据库默认的表空间 pg_default 用来存储系统目录对象、用户表、用户表索引,以及临时表、临时表索引、内部临时表的默认空间,它是模板数据库 template0 和 template1 的默认表空间。数据库默认的表空间 pg_global 是用来存储共享系统目录的默认空间。

pg_default 也可以理解成 PostgreSQL 系统表空间,它对应的物理位置为 $PGDATA/base 目录。在 PostgreSQL(pg_catalog)下可以看到 postgres 数据库的一些数据字典和数据字典视图。

新建一个服务器连接(图 5.39),连接远程 Linux 服务器上的 PostgreSQL 数据库(假设远程 Linux 上已安装好 PostgreSQL 数据库管理系统),得到数据库属性如图 5.40 所示。

如图 5.40 可以看出,该远程数据库管理系统上建有两个数据库 cpost、postgres,四个表空间 pg_default、pg_global、pis_data、pis_index。

图 5.39　新建服务器连接 PostgreSQL 数据库

3. PostgreSQL 的命令管理接口——pgsql

每种数据库管理系统都会提供一个命令行管理接口,如 Oracle 的 sqlplus、SQL Server 的 isql 和 osql 等。

凡是用图形管理界面可以实现的功能,原则上都可以通过命令行界面命令实现。两者各有优缺点,使用场合不同。在 Windows 下常用图形管理界面,因为在图像管理界面中往往都嵌有命令行工具,而在 Unix 和 Linux 下,就常用命令行工具,除了在类 Unix 下主要使用字符界面的原因外,还因为大部分情况下只能通过

telnet 或 ssh 工具远程连接服务器进行操作,此时也只能使用命令行了。

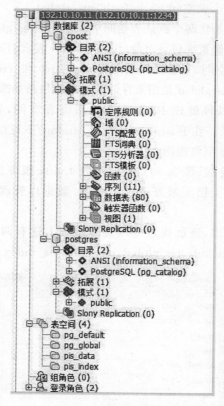

图 5.40　数据库属性

从开始目录打开 SQL shell(pgsql),该可执行程序为 E:\PostgreSQL\bin\psql.exe。输入密码得到如图 5.41(a)所示界面。也可以在修改了系统环境变量 Path 之后(增加 PostgreSQL\bin 目录),从命令行直接启动 pgsql,如图 5.41(b)所示。

4. PostgreSQL 的常规操作

1)用户实用程序

createdb 为创建一个新的 PostgreSQL 数据库(和 SQL 语句 CREATE DATABASE 相同);createuser 为创建一个新的 PostgreSQL 用户(和 SQL 语句 CREATE USER 相同);dropdb 为删除数据库;dropuser 为删除用户;pg_dump 是将 PostgreSQL 数据库导出到一个脚本文件;pg_dumpall 是将所有的 PostgreSQL 数据库导出到一个脚本文件;pg_restore 为从一个由 pg_dump 或 pg_dumpall 程序导出的脚本文件中恢复 PostgreSQL 数据库;psql 是一个基于命令行的 PostgreSQL 交互式客户端程序;vacuumdb 为清理和分析一个 PostgreSQL 数据库,它是客户端程序 psql

环境下 SQL 语句 VACUUM 的 shell 脚本封装,两者功能完全相同。

(a)SQL Shell 界面

(b)从命令行启动 pgsql

图 5.41　启动 pgsql 的两种方法

2)系统实用程序

(1)pg_ctl,启动、停止、重启 PostgreSQL 服务,例如 pg_ctl start 启动PostgreSQL 服务,它和 service postgresql start 相同。

(2)pg_controldata,显示 PostgreSQL 服务的内部控制信息。

(3)切换到 PostgreSQL 预定义的数据库超级用户 postgres,启用客户端程序 psql,并连接到自己想要的数据库,代码如下:

```
psql template1
```

出现以下界面,说明已经进入想要的数据库,可以进行想要的操作了。

```
template1= #
```

3)在数据库中的一些命令

(1)查询数据库操作,代码如下:

```
template1= #  \l 查看系统中现存的数据库
template1= #  \q 退出客户端程序 psql
template1= #  \c 从一个数据库中转到另一个数据库中,如 template1= #  \c sales 是指从 template1 转到 sales
template1= #  \dt 查看表
template1= #  \d 查看表结构
template1= #  \di 查看索引
```

（2）基本数据库操作。

——创建数据库：create database [数据库名]；

——查看数据库列表：\d；

——删除数据库：drop database [数据库名]；

——创建表：create table ([字段名1][类型1]＜references 关联表名（关联的字段名）＞;,[字段名2][类型2],…＜,primary key（字段名m,字段名n,…）＞;);

——查看表名列表：\d；

——查看某个表的状况：\d [表名]；

——重命名一个表：alter table [表名A] rename to [表名B]；

——删除一个表：drop table [表名]。

（3）表内基本操作。

——在已有的表里添加字段：alter table [表名] add column [字段名][类型]；

——删除表中的字段：alter table [表名] drop column [字段名]；

——重命名一个字段：alter table [表名] rename column [字段名A] to [字段名B]；

——给一个字段设置缺省值：alter table [表名] alter column [字段名] set default [新的默认值]；

——去除缺省值：alter table [表名] alter column [字段名] drop default；

——在表中插入数据：insert into 表名（[字段名m],[字段名n],…）values ([列m的值],[列n的值],…）；

——修改表中的某行某列的数据：update [表名] set [目标字段名]=[目标值] where [该行特征]；

——删除表中某行数据：delete from [表名] where [该行特征]；

——删空整个表：delete from [表名]。

4）PostgreSQL 用户认证

PostgreSQL 数据目录中 pg_hba.conf 的作用就是用户认证,可以在/usr/local/pgsql/data 中找到。

(1)允许在本机上的所有身份连接所有数据库,代码如下:

```
TYPE DATABASE USER ADDRESS METHOD
local all all trust(无条件进行连接)
```

(2)允许 IP 地址为 192.168.1.* 的任何主机与数据库 sales 连接,代码如下:

```
TYPE DATABASE USER IP-ADDRESS IP-MASK METHOD
host sales all 192.168.1.0 255.255.255.0 ident sameuser(表明任何操作系统
用户都能够以同名数据库用户进行连接)
```

5)完整地创建 PostgreSQL 数据库用户的示例

(1)进入 PostgreSQL 高级用户。

(2)启用客户端程序,并进入 template1 数据库 psql template1。

(3)创建用户,代码如下:

```
template1= # CREATE USER hellen WITH ENCRYPED PASSWORD
'zhenzhen'
```

(4)因为设置了密码,所以要编辑 pg_hba.conf,使用户和配置文件同步。在原有记录上面添加 md5local all hellen md5。

(5)使用新用户登录数据库,代码如下:

```
template1= # \qpsql -U hellen -d template1
```

如果要切换用户,代码如下:

```
template1= # \! psql -U tk -d template1
```

6)设定用户特定的权限

利用上面的例子来说明:

(1)创建一个用户组,代码如下:

```
sales= # CREATE GROUP sale
```

(2)添加几个用户进入该组,代码如下:

```
sales= # ALTER GROUP sale ADD USER sale1,sale2,sale3;
```

(3)授予用户级 sale 针对表 employee 和 products 的 SELECT 权限,代码如下:

```
sales= # GRANT SELECT ON employee,products TO GROUP sale;
```

(4)在 sale 中将用户 user2 删除,代码如下:

```
sales= # ALTER GROUP sale DROP USER sale2;
```

7）备份数据库

可以使用 pg_dump 和 pg_dumpall 来完成数据库的备份，如备份 sales 数据库代码如下：

```
pg_dump sales> /home/tk/pgsql/backup/1.bak
```

§5.2　Java Web 技术 Servlet 入门

5.2.1　什么是 Servlet

在浏览器—服务器(B/S)系统体系架构下，用户经常需要通过浏览器来对服务器端的数据库进行访问、操作，浏览器端根据用户选择发出请求，服务器端接收请求后，则需要一个接口程序来交互式地浏览和修改数据。通常用的接口程序是公共网关接口(CGI)应用程序，但是当交互信息繁杂且数据量较大时，CGI 应用程序的运行效率就无法满足系统需求，这时需要使用小服务程序(server applet，Servlet)来高效快速地完成任务。

Servlet 是基于 Java 编程语言编写的一个接口程序，通常把封装了 Servlet 接口的 Java 类称为 Servlet。Servlet 大大减缓了服务器端处理请求的负担，而且其可移植性强、使用简单方便，深受程序员的青睐。

5.2.2　Servlet 运行机制

Servlet 执行以下主要任务：

(1)读取客户端(浏览器)发送的显式的数据。这包括网页上的 HTML 表单，也包括来自小程序或自定义的 HTTP 客户端程序的表单。

(2)读取客户端(浏览器)发送的隐式的 HTTP 请求数据。这包括网络跟踪器、媒体类型和浏览器能理解的压缩格式等。

(3)处理数据并生成结果。这个过程可能需要访问数据库，执行远程方法调用(RMI)或通用对象请求代理体系结构(CORBA)调用，调用 Web 服务，或者直接计算得出对应的响应。

(4)发送显式的数据(即文档)到客户端(浏览器)。该文档的格式可以是多种多样的，包括文本文件(HTML 或 XML)、二进制文件(GIF 图像)、Excel 文件等。

(5)发送隐式的 HTTP 响应到客户端(浏览器)。这包括告诉浏览器或其他客户端被返回的文档类型(如 HTML)、设置网络跟踪器和缓存参数，以及其他类似的任务。

如图 5.42 所示，可以直观地认识 Servlet 执行以上任务时与系统的联系。

第 5 章 地物属性服务的开发

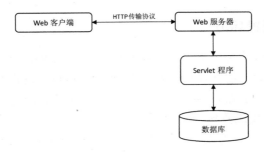

图 5.42　Servlet 程序在系统结构中示意

Servlet 程序由 Web 服务器调用，Web 服务器收到客户端的 Servlet 访问请求后：

(1) 装载并创建该 Servlet 的一个实例对象。

(2) 调用 Servlet 实例对象的 init() 方法。

(3) 创建一个用于封装 HTTP 请求消息的 HTTP Servlet Request 对象和一个代表 HTTP 响应消息的 HTTP Servlet Response 对象，然后调用 Servlet 的 service() 方法，并将请求和响应对象作为参数传递进去。

(4) Web 应用程序被停止或重新启动前，Servlet 引擎将卸载 Servlet，并在卸载前调用 Servlet 的 destroy() 方法。

Web 服务器首先检查是否已经装载并创建了该 Servlet 的实例对象。如果是，则直接执行第(4)步；否则，执行第(2)步，如图 5.43 所示。

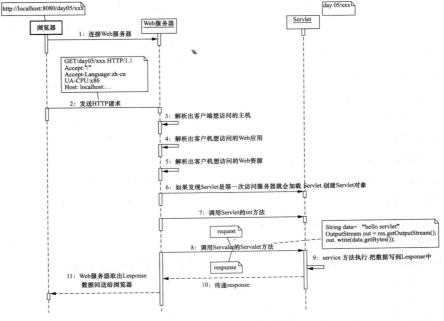

图 5.43　Servlet 运行步骤

5.2.3 Servlet 配置环境

前面提到,Servlet 是一个基于 Java 编程语言的接口程序,所以就像其他的程序一样,Servlet 也通过自己的开发环境来编译、调试和运行。设置 Servlet 环境需要从 Java 开发环境、Web 服务器和 Servlet 路径三方面入手,下面对这三方面进行介绍。

1. 设置 Java 开发工具包

首先,需要准备 Java 开发工具箱(Java development kit,JDK)。先到 Oracle 的官网下载最新的、适用于操作系统的 JDK 安装包。然后,按照给定的指令或步骤来安装和配置 JDK。然后,设置 PATH 和 JAVA_HOME 环境变量,指向包含 Java 和 Javac 的目录,通常分别为 java_install_dir/bin 和 java_install_dir。

如果运行的是 Windows 操作系统,并把 JDK 安装在 C:\jdk1.5.0_20 中,那么有两种方法来设置路径:

(1)在 C:\autoexec.bat 文件中放入下列代码:

```
set PATH= C:\jdk1.5.0_20\bin;% PATH%
set JAVA_HOME= C:\jdk1.5.0_20
```

(2)用鼠标右键单击【我的电脑】,选择【属性】,再选择【高级】中【环境变量】。然后,更新 PATH 的值,按下【确定】按钮。随后,新建 JAVA_HOME 变量,并输入变量值。

在 Unix(Solaris、Linux 等)操作系统上,如果 JDK 安装在/usr/local/jdk1.5.0_20 中,并且使用的是 C shell,则需要在 .cshrc 文件中放入下列代码:

```
setenv PATH /usr/local/jdk1.5.0_20/bin:$ PATH
setenv JAVA_HOME /usr/local/jdk1.5.0_20
```

需要注意,如果使用集成开发环境(integrated development environment,IDE),如 Borland JBuilder、Eclipse、IntelliJ IDEA 或 Sun ONE Studio,应编译并运行一个简单的程序,以确认该 IDE 可以访问到安装的 Java 路径。

2. 设置 Web 服务器:Tomcat

Servlet 是运行在服务器上的程序,而支持 Servlet 的 Web 服务器有很多,其中使用广泛的免费服务器就是 Tomcat。在设计 Servlet 程序前,需要配置 Web 服务器,下面就以 Tomcat 服务器为例介绍如何设置 Web 服务器。

Apache Tomcat 是一款由 Servlet 和 JSP 技术实现的开源软件,可以作为测试 Servlet 的独立服务器,而且可以集成到 Apache Web 服务器。在计算机上安装 Tomcat 服务器的步骤为:

(1)下载最新版本的 Tomcat 安装包。

(2)将安装包解压到一个便捷的位置,Windows 操作系统可以解压到 C:\

apache-tomcat-5.5.29 中,Linux 或 Unix 操作系统可以解压到/usr/local/apache-tomcat-5.5.29 中。

(3)创建 CATALINA _HOME 环境变量,环境变量的值为第(2)步的解压路径。

(4)启动 Tomcat。在 Windows 操作系统下启动 Tomcat 服务器,需要执行命令:%CATALINA_HOME%\bin\startup.bat 或 C:\apache-tomcat-5.5.29\bin\startup.bat。在 Linux/Unix 操作系统下执行命令:$CATALINA_HOME/bin/startup.sh 或/usr/local/apache-tomcat-5.5.29/bin/startup.sh。

(5)Tomcat 启动后,在浏览器地址栏输入 http://localhost:8080/,访问 Tomcat 默认程序来检测 Tomcat 服务器是否安装成功,如果出现如图 5.44 所示结果,则 Tomcat 服务器安装运行正常。有关配置和运行 Tomcat 的进一步信息可以查阅应用程序安装的文档,或访问 Tomcat 网站:http://tomcat.apache.org。

(6)停止运行 Tomcat。在 Windows 操作系统下,执行命令:C:\apache-tomcat-5.5.29\bin\shutdown。在 Linux/Unix 系统下执行命令:/usr/local/apache-tomcat-5.5.29/bin/shutdown.sh。

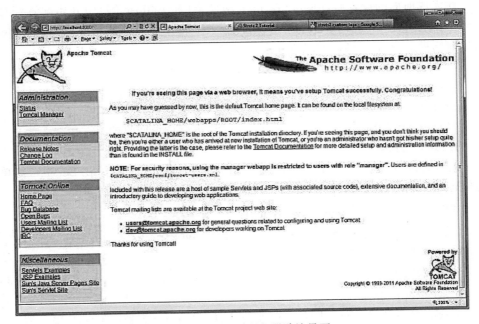

图 5.44　Tomcat 服务器默认界面

3. 设置 CLASSPATH

由于 Servlet 不是 Java 平台标准版的组成部分,所以必须为编译器指定 Servlet 类的路径。如果运行的是 Windows 操作系统,则需要在 C:\autoexec.bat 文件中放入下列代码:

```
set CATALINA= C:\apache-tomcat-5.5.29
set CLASSPATH= % CATALINA% \common\lib\servlet-api.jar;% CLASSPATH%
```

或者,在 Windows NT/2000/XP 中,也可以右键单击【我的电脑】,选择【属性】,再选择【高级】中【环境变量】。然后,更新 CLASSPATH 的值,按下【确定】按钮。在 Unix(Solaris、Linux 等)操作系统上,如果使用的是 C shell,则需要在.cshrc 文件中放入下列代码:

```
setenv CATALINA= /usr/local/apache-tomcat-5.5.29
setenv CLASSPATH $ CATALINA/common/lib/servlet-api.jar: $ CLASSPATH
```

注意:假设开发目录是 C:\ServletDevel(在 Windows 操作系统上)或/user/ServletDevel(在 Unix 操作系统上),那么还需要在 CLASSPATH 中添加这些目录,添加方式与上面的添加方式类似。

5.2.4 编写 Servlet 程序前必备常识

在完成前面的设置后,就可以在 Java 编译器(如 Eclipse 等)中开始配置编写 Servlet 程序了。在编写程序前需要了解 Servlet 的一些基础使用常识,即 Servlet 的生命周期。Servlet 遵循的过程如下:

(1)Servlet 通过调用 init()方法进行初始化。
(2)Servlet 通过调用 service()方法来处理客户端的请求。
(3)Servlet 通过调用 destroy()方法终止(结束)。
(4)Servlet 是由 Java 虚拟机的垃圾回收器进行垃圾回收的。

1. init( ) 方法

init()方法在一个 Servlet 程序中只会被调用一次,用于初始化 Servlet,简单地创建和加载一些数据,这些数据贯穿 Servlet 程序的整个生命周期。

init()方法的定义如下:

```
public void init() throws ServletException {
// 初始化代码...
}
```

2. service( ) 方法

service()方法是执行实际任务的主要方法。Servlet 容器(即 Web 服务器)调用 service()方法处理来自客户端(浏览器)的请求,并把格式化的响应写回给客户端。每次服务器接收到一个 Servlet 请求时,会产生一个新的线程并调用服务。service()方法检查 HTTP 请求类型(GET、POST、PUT、DELETE 等),并在适当的时候调用 doGet()、doPost()、doPut()、doDelete()等方法。

service()方法的特征为:

```
    public void service (ServletRequest request, ServletResponse
response)
    throws ServletException, IOException{
}
```

service()方法由容器调用,因为 service()方法在适当的时候调用 doGet()、doPost()、doPut()、doDelete()等方法,所以不用对 service()方法做任何动作,只需要根据来自客户端的请求类型来重载 doGet()或 doPost()即可。doGet()和 doPost()方法是每次服务请求中最常用的方法。

3. doGet( )方法

GET 请求来自于一个 URL 的正常请求,或者来自于一个未指定 METHOD 的 HTML 表单,它由 doGet()方法处理,代码如下:

```
public void doGet(HttpServletRequest request,
             HttpServletResponse response)
    throws ServletException, IOException {
    // Servlet 代码
}
```

4. doPost( )方法

POST 请求来自于一个特别指定了 METHOD 为 POST 的 HTML 表单,它由 doPost()方法处理,代码如下:

```
public void doPost(HttpServletRequest request,
             HttpServletResponse response)
    throws ServletException, IOException {
    // Servlet 代码
}
```

5. destroy( )方法

destroy()方法只会被调用一次,在 Servlet 生命周期结束时被调用。destroy()方法可以让 Servlet 关闭数据库连接,停止后台线程,把 Cookie 列表或点击计数器写入磁盘,并执行其他类似的清理活动。

在调用 destroy()方法之后,Servlet 对象被标记为垃圾回收。destroy()方法定义如下:

```
public void destroy() {
    // 终止化代码...
}
```

5.2.5 基于 Servlet 的"Hello World"

了解所有储备知识后,尝试编写一个基于 Servlet 的"Hello World"程序来具体了解一个 Servlet 程序应该如何编写,演示所用编译器为 MyEclipse。

(1)打开 MyEclipse 软件,选择【File】→【New】→【Web Project】,出现如图 5.45 所示的新建界面。

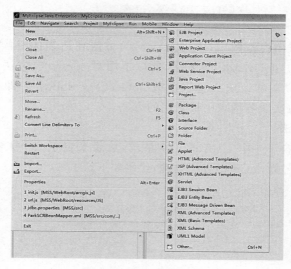

图 5.45　新建 Web 工程

(2)在新建界面,输入工程名称 HelloServlet,选择 JavaEE 5.0 版本,如图 5.46 所示,单击【Finish】按钮。

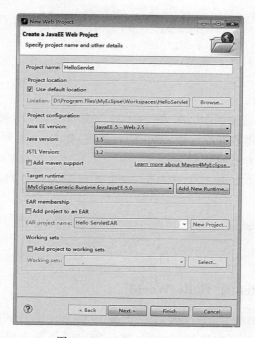

图 5.46　HelloServlet 工程

(3)进入工程之后,在左侧的工程文件视图中选择【HelloServlet】→【WebRoot】,展开列表,双击列表中的 index.jsp,index.jsp 页面在编辑框打开,如图 5.47 所示。

(4)把 index.jsp 第一行的 pageEncoding="ISO-8859-1"改为 contentType="text/html;charset=utf-8",即把页面编码改为国际通用的 UTF-8 编码;然后,在页面 body 标签下添加如图 5.48 所示的代码。

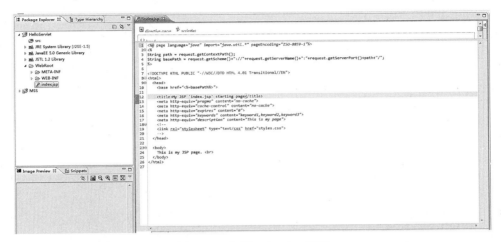

图 5.47　打开 index.jsp 页面

```
<body>
    <h1>Hello Servlet</h1>
    <a href="servlet/HelloServlet">Get方式请求HelloServlet</a>
    <form action="servlet/HelloServlet" method="post">
        <input type="submit" value="POST方式请求HelloServlet">
    </form>
</body>
```

图 5.48　编辑 index.jsp 代码

(5)在左侧工程视图中,右键单击【src】选项,选择【New】→【Package】,新建一个包,包名为 servlet,如图 5.49 所示,单击【finish】按钮。

(6)右键单击 servlet 包,选择【New】→【Class】,新建一个类,输入类名为 HelloServlet,选择它的父类为 javax.servlet.http.HttpServlet,并单击【Finish】按钮。

(7)进入 HelloServlet.java 的编辑页面,在 HelloServlet 类中改写 doGet()和 doPost()方法,具体操作为:在 HelloServlet 类的右键菜单中选择【Source】→【Override/Implement Methods】,在如图 5.50 所示,界面中勾选 doGet()和 doPost()。

单击【OK】按钮,改写 doGet()和 doPost()方法,如图 5.51 所示。

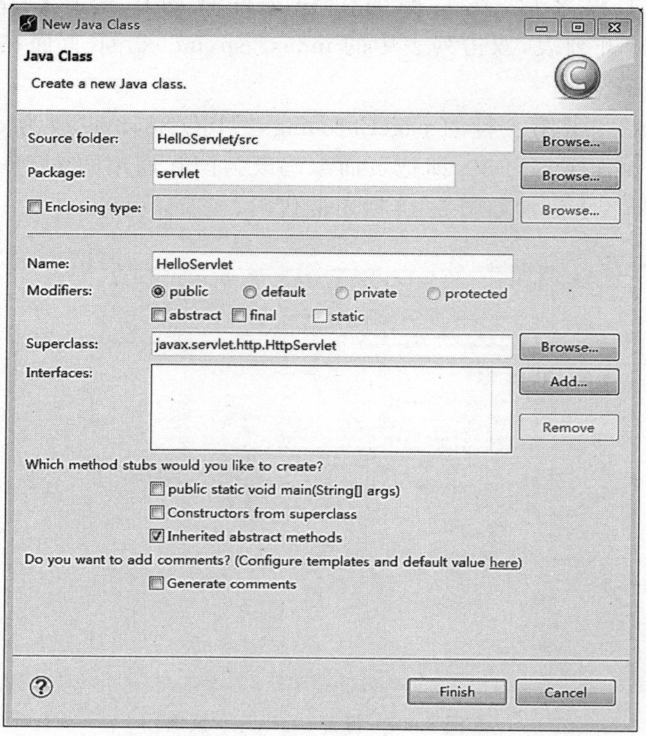

图 5.49 新建包 servlet

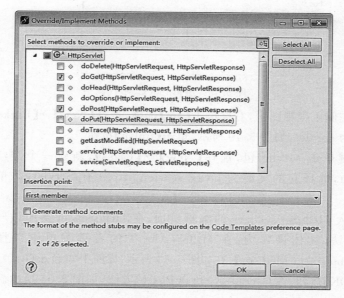

图 5.50 doGet()和 doPost()的选择

第 5 章　地物属性服务的开发

```
public class HelloServlet extends HttpServlet {

    @Override
    protected void doGet(HttpServletRequest req, HttpServletResponse resp)
            throws ServletException, IOException {
        // TODO Auto-generated method stub
        System.out.println("正在处理Get请求......");
        PrintWriter out = resp.getWriter();
        resp.setContentType("text/html;charset=utf-8");
        out.println("<strong>Hello Servlet Get!</strong><br>");
    }

    @Override
    protected void doPost(HttpServletRequest req, HttpServletResponse resp)
            throws ServletException, IOException {
        // TODO Auto-generated method stub
        System.out.println("正在处理Post请求......");
        PrintWriter out = resp.getWriter();
        resp.setContentType("text/html;charset=utf-8");
        out.println("<strong>Hello Servlet Post!</strong><br>");
    }
}
```

图 5.51　doGet()和 doPost()代码

(8) 在 web.xml 中注册编写的 Servlet 类。在工程视图选择【WebRoot】→【Web-INF】，单击里面的 web.xml，打开代码视图，添加如图 5.52 所示的配置代码。

```
<servlet>
<servlet-name>HelloServlet</servlet-name>
<servlet-class>servlet.HelloServlet</servlet-class>
</servlet>
<servlet-mapping>
<servlet-name>HelloServlet</servlet-name>
<url-pattern>/servlet/HelloServlet</url-pattern>
</servlet-mapping>
```

图 5.52　web.xml 配置代码

(9) 在 Tomcat 下发布程序，单击 ![button] 按钮，在工程发布界面选择 HelloServlet 工程，如图 5.53 所示；单击【Add】按钮，进入下一界面，选择 MyEclipse Tomcat 7，如图 5.54所示，单击【Finish】按钮。

图 5.53　选择 HelloServlet 工程

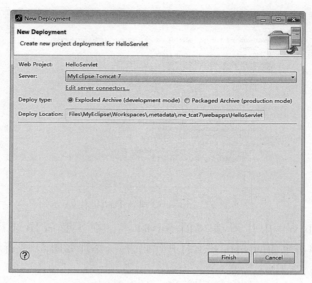

图 5.54 在 Tomcat 下发布程序

(10)启动 Tomcat，在 Servers 下右键单击【MyEclipse Tomcat 7】，选择【Run Server】，如图 5.55 所示；在浏览器中输入 http://localhost:8080/HelloServlet/index.jsp，出现如图 5.56 所示的界面。

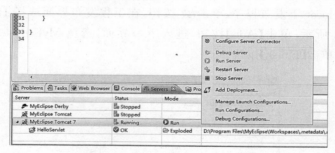

图 5.55 运行 Tomcat

图 5.56 index.jsp 界面

单击图 5.56 中第一行，结果如图 5.57 所示。

图 5.57　doGet()实现

单击图 5.56 第二行,结果如图 5.58 所示。

图 5.58　doPost()实现

本节主要介绍了 Servlet 的基本概念和配置使用 Servlet 的基本操作,通过一个简单的 Servlet 实例介绍 Servlet 运行的机制。对于更加详细的 Servlet 应用,如表单提交、页面转发、页面重定向和数据库事件等在案例分析中会有所涉及,可在网络上查找有关 Servlet 的入门视频。

§5.3　MyBatis 初识

本节主要学习 MyBatis 框架。MyBatis 是一种半对象关系映射框架,与各种数据库、SQL 语句打交道,用于数据的增、删、改、查,它与 Hibernate 是当前 Web 开发中应用比较多的两种数据持久层框架之一。本节将简单地介绍 MyBatis,包括它的配置和使用方法。

5.3.1　数据库连接概述

Java 数据库连接(JDBC)是一种用于执行 SQL 语句的 Java API,可以为多种关系数据库提供统一访问,它由一组用 Java 语言编写的类和接口组成。只要借助 JDBC 就可以通过 Java 应用程序向各种关系数据库发送 SQL 语句,执行数据库的相关操作。换言之,有了 JDBC API,就不必为访问 Sybase 数据库专门写一个程序,为访问 Oracle 数据库专门写一个程序,或为访问 Informix 数据库编写另一个程序等,程序员只需用 JDBC API 写一个程序就够了,它可以向相应数据库发送 SQL 调用。同时,将 Java 语言和 JDBC 结合起来使程序员不必为不同平台编写不同的应用程序,只需写一遍程序就可以让它在任何平台上运行,这也是 Java 语言"编写一次,处处运行"的优势。

简单来说,JDBC 就是 Java 程序和数据库两者之间的桥梁,通过 JDBC 查询数据库数据一般需要以下七个步骤:

(1)加载 JDBC 驱动。
(2)建立并获取数据库连接。

(3) 创建 JDBC Statement 对象。
(4) 设置 SQL 语句的传入参数。
(5) 执行 SQL 语句,并获得查询结果。
(6) 对查询结果进行转换处理,并将处理结果返回。
(7) 释放相关资源(关闭 Connection、Statement 和 ResultSet)。
具体的实现代码如图 5.59 所示。

```
//加载JDBC驱动
Class.forName("oracle.jdbc.driver.OracleDriver").newInstance();
String url = "jdbc:oracle:thin:@localhost:1521:ORACLEDB";

String user = "trainer";
String password = "trainer";

//获取数据库连接
connection = DriverManager.getConnection(url,user,password);

String sql = "select * from userinfo where user_id = ? ";
//创建Statement对象(每一个Statement为一次数据库执行请求)
stmt = connection.prepareStatement(sql);

//设置传入参数
stmt.setString(1, "zhangsan");

//执行SQL语句
rs = stmt.executeQuery();

//处理查询结果(将查询结果转换成List<Map>格式)
ResultSetMetaData rsmd = rs.getMetaData();
int num = rsmd.getColumnCount();

while(rs.next()){
    Map map = new HashMap();
    for(int i = 0;i < num;i++){
        String columnName = rsmd.getColumnName(i+1);
        map.put(columnName,rs.getString(columnName));
    }
    resultList.add(map);
}
```

图 5.59　JDBC 查询数据库代码

5.3.2　从 JDBC 到 MyBatis

从 5.3.1 小节中了解到 Java 应用程序与底层数据库交互需要使用 JDBC API 来完成,但是在实际工作中不难发现,传统的 JDBC 代码不利于管理和修改,SQL 语句方面也不尽如人意,所以需要一种更加智能的框架来完成与数据相关的代码工作,而 MyBatis 的出现帮助解决了其中的问题。MyBatis 本是 Apache 的一个开源项目(iBatis),2010 年这个项目由 Apache 软件基金会迁移到了 Google 代码,并且改名为 MyBatis。MyBatis 是支持普通 SQL 查询、存储过程和高级映射的优秀持久层框架,它消除了几乎所有的 JDBC 代码和参数的手工设置及结果集的检索。

MyBatis 将简单的 XML 或注解用于配置和原始映射,将接口和普通的 Java 对象(plan old Java objects,POJOs)映射成数据库中的记录。

MyBatis 可以说是对 JDBC 的一种优化,体现在以下几个方面:

(1)使用数据库连接池对连接进行管理。使用传统的 JDBC 连接数据库,频繁的开启和关闭造成了资源的浪费,影响系统的性能,MyBatis 通过使用数据库连接池反复利用已经建立的连接访问数据库,减少连接开启和关闭的时间。对于连接池的多样性及变化性,通过 DataSource 进行隔离解耦,统一从 DataSource 里面获取数据库连接,DataSource 可以由数据库连接池实现或由容器的 Java 命名和目录接口实现。

(2)SQL 语句统一存放到配置文件。使用 JDBC 进行数据库操作时,SQL 语句基本都散落在各个 Java 类中,这样会导致可读性差,不利于代码维护和性能调优,也不利于 SQL 在数据库客户端执行。MyBatis 将 SQL 语句统一放在配置文件中,便于管理。

(3)SQL 语句变量和传入参数的映射及动态生成 SQL 语句。JDBC 可以通过在 SQL 语句中设置占位符来达到传入参数的目的,它是按照一定顺序传入参数,要与占位符一一匹配,遇到传入的参数不确定的情况就需要根据传入参数区拼凑相应的 SQL 语句。MyBatis 中可以根据前台传入参数的不同,动态生成对应的 SQL 语句。

(4)对数据库操作结果的映射和缓存。执行 SQL 语句、获取执行结果、对执行结果进行转换处理、释放相关资源是一整套数据库操作。执行查询语句后,返回的是一个 ResultSet 结果集,这时需要将 ResultSet 对象的数据取出来,不然等到释放资源时就获取不到这些结果信息了。从前面的优化来看,已经将获取连接、设置传入参数、执行 SQL 语句、释放资源都封装起来,只剩下结果处理还没有封装。如果能封装起来,每个数据库操作就不用自己写大量的 Java 代码,直接调用一个封装的方法就可以了。MyBatis 中对于结果的处理包括两点:首先需要知道返回什么类型的数据,其次是需要知道返回对象的数据结构是怎么与执行结果映射的。

(5)解决 SQL 语句的重复问题。

5.3.3 MyBatis 的功能框架

MyBatis 的功能简单来说就是完成了 SQL 语句与 Java 的映射关系。和传统的 JDBC 相比较,MyBatis 通过配置文件完成了连接管理数据库的工作,而且 SQL 语句写在 XML 中便于管理,主要功能包括以下三层,如图 5.60 所示。

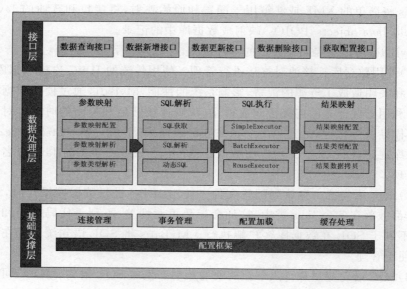

图 5.60 MyBatis 功能框架

（1）接口层：提供给外部使用的接口，开发人员通过这些本地接口来操纵数据库。接口层一接收到调用请求，就会调用数据处理层来完成具体的数据处理。

（2）数据处理层：负责具体的 SQL 查阅、SQL 解析、SQL 执行和执行结果映射处理等。它主要的目的是根据调用的请求完成一次数据库操作。

（3）基础支撑层：负责最基础的功能支撑，包括连接管理、事务管理、配置加载和缓存处理。这些都是共用的东西，将它们抽取出来作为最基础的组件，为上层的数据处理层提供最基础的支撑。

如图 5.60 所示，从数据库中的数据处理到最终提供给外部使用的接口，只需要配置好映射文件和实体类文件以及相关 SQL 语句，大大节省了应用开发的时间和代码量。在实际过程中，MyBatis 应用程序根据 XML 配置文件创建一个 SqlSessionFactory，SqlSessionFactory 再根据配置（配置来源于两个地方，一处是配置文件，一处是 Java 代码的注解）获取一个 SqlSession。SqlSession 包含了执行 SQL 所需要的所有方法，可以通过 SqlSession 实例直接运行映射的 SQL 语句，完成对数据的增、删、改、查和事务提交等，用完之后关闭 SqlSession。

5.3.4 MyBatis 的简单使用

1. 准备开发环境

使用 MyEclipse 新建 Web 工程，命名为 Mybatis。需要下载 MyBatis 相关的 jar 包，下载地址为 https://github.com/mybatis/mybatis-3/releases，源码包和相关 jar 包都需下载，下载源码包可以方便从示例中学习框架的配置信息。

第 5 章 地物属性服务的开发

找到项目 Mybatis\WebRoot\WEB-INF\lib 路径下的 lib 文件夹,将需要的 jar 包放进去;然后右键单击 jar 包,选择构建路径,将其添加至构建路径后就可以在引用的库中看到引入的 jar 包,如图 5.61 所示。其中 ojdbc 6.jar 包是用来加载 Oracle 数据驱动所需的包,fastjson 是输出并转换成 JSON 所需的包。

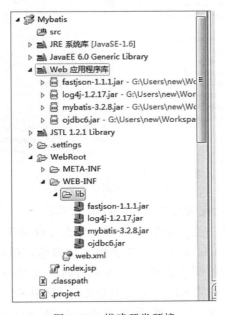

图 5.61 搭建开发环境

在数据库中建立实例所需的表,如图 5.62 所示。本实例选择在 Oracle 数据库中建立 Mybatis 表,至此就可以开始利用 MyBatis 来对数据库中表进行操作。

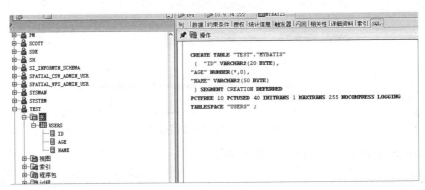

图 5.62 数据库中建表

2. 使用 MyBatis 查询数据的实例

实例的项目结构如图 5.63 所示,具体步骤包括以下几部分:

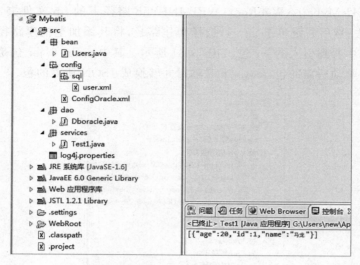

图 5.63 实例层次结构

(1)添加 MyBatis 的配置文件 ConfigOracle.xml。

在 src 目录下创建一个 config 文件夹,在此文件夹下创建一个 ConfigOracle.xml 文件,ConfigOracle.xml 文件中主要是数据库连接的内容,包括连接的地址、用户名、密码和加载的驱动类型。本例中用到的是 Oracle 的驱动。在这里需要注意的是连接数据库时 URL 的正确书写形式,其中不同的数据库类型写法不一样,URL 用于标识数据库的位置,程序员通过 URL 地址告诉 JDBC 程序连接哪个数据库,如图 5.64 所示为常见数据的 URL 写法。

图 5.64 URL 的书写形式

ConfigOracle.xml 文件中的代码如下:

```
< configuration>
< environmentsdefault= "development">
< environmentid= "development">
< transactionManagertype= "JDBC">
< propertyname= ""value= ""/>
```

```
    </transactionManager>
    <dataSource type="UNPOOLED">
    <property name="driver" value="oracle.jdbc.driver.OracleDriver"/>
    <property name="url" value="jdbc:oracle:thin:@10.77.5.45:1521:orcl"/>
    <property name="username" value="test"/>
    <property name="password" value="123"/>
    </dataSource>
    </environment>
    </environments>
    <mappers>
    <mapper resource="config/sql/user.xml"/>
    </mappers>
</configuration>
```

(2)定义表所对应的实体类。

在 src 目录下创建 bean 包,在此包中创建 Users 类,Users 类的代码如下:

```java
package bean;
public class Users{
//实体类的属性和表的字段名称一一对应
private int id;
public int getId() {
return id;
}
public void setId(int id) {
this.id = id;
}
public String getName() {
return name;
}
public void setName(String name) {
this.name = name;
}
public int getAge() {
return age;
}
public void setAge(int age) {
this.age = age;
}
private String name;
private int age;
}
```

(3)定义操作 users 表的 SQL 映射文件 user.xml。

在 config 文件夹下创建 sql 文件夹,在 sql 文件夹下创建文件 user.xml。在 select 标签中编写查询的 SQL 语句,设置 select 标签的 id 属性为 getUser,id 属性值必须是唯一的,不能够重复使用。parameterType 属性指明查询时使用的参数类型,resultType 属性指明查询返回的结果集类型,resultType="bean.Users"就表示将查询结果封装成一个 Users 类的对象,返回 Users 类就是 users 表所对应的实体类。user.xml 文件中的代码如下:

```
<? xmlversion= "1.0"encoding= "UTF-8"? >
<! DOCTYPEmapperPUBLIC"-//mybatis.org//DTD Mapper 3.0//EN""http://mybatis.org/dtd/mybatis-3-mapper.dtd">
< mappernamespace= "USERselect">
< selectid= "getUser"parameterType= "int"
resultType= "bean.Users">
      select * from users where id= # {id}
</select>
</mapper>
```

(4)在 ConfigOracle.xml 文件中注册 user.xml 文件,如代码中最后一段 mapper 标签中一样,需要完成 user.xml 文件的注册。

(5)构建 SqlSession 用来执行 SQL 语句,在 dao 文件夹下创建 Dboracle.java 文件,用来完成 SqlSession 的创建,代码如下:

```
publicclass Dboracle {
public SqlSession getSqlSession() throws IOException{
//通过配置文件获取数据库连接信息
Reader reader = Resources.getResourceAsReader ( " config/ConfigOracle.xml");
//通过配置信息构建一个 SqlSessionFacory
SqlSessionFactory sqlSessionFactory = new SqlSessionFactoryBuilder().build(reader);
//通过 sqlSessionFactory 打开一个数据库会话
SqlSession sqlSession = sqlSessionFactory.openSession();
return sqlSession;
}
}
```

(6)编写测试代码,执行 SQL 语句。

完成了上述的配置操作,最后还需要编写测试代码,在 services 包下创建 Test1 类,代码如下:

```
package services;
importjava.io.Console;
import java.io.IOException;
import java.util.ArrayList;
import java.util.List;
import org.apache.ibatis.session.SqlSession;
import com.alibaba.fastjson.JSON;
import dao.Dboracle;
import bean.Users;
//计算站位之间关系并且更新
publicclass Test1 {
/* *
* @ param args
* /
publicstaticvoid main(String[] args) {
SqlSession sqlSession = null;
Dboracle dbAccess = new Dboracle();
try {
sqlSession = dbAccess.getSqlSession();
} catch (IOException e) {
// TODO 自动生成的 catch 块
e.printStackTrace();
}
String result= null;
List< Users> userlist = new ArrayList< Users> ();
userlist= sqlSession.selectList("USERselect.getUser",1);
if(userlist.size()> 0){

result= JSON.toJSONString(userlist);
}
System.out.println("result= "+ result);
}
}
```

最后,在控制台输出内容为 result=[{"age":20,"id":1,"name":"马龙"}],即查询 id=1 的用户的相关数据。

§5.4 Struts 2 初识

Struts 2 是 Struts 的下一代产品,在 Struts 1 和 WebWork 的技术基础上进行了合并,建立了全新的 Struts 2 框架。其 Struts 2 的体系结构与 Struts 1 的体系结构差别巨大,本节将简单地介绍 Struts 2 的相关内容。

5.4.1 MVC 概述

模型—视图—控制器(MVC)是一个众所周知的以设计界面应用程序为基础的设计模式。它主要通过分离模型、视图及控制器在应用程序中的角色将业务逻辑从界面中解耦。通常,模型负责封装应用程序数据在视图层展示;视图仅仅是展示这些数据,不包含任何业务逻辑;控制器负责接收来自用户的请求,并调用后台服务来处理业务逻辑。MVC 模式的核心思想是将业务逻辑从界面中分离出来,允许它们单独改变而不相互影响。如图 5.65 所示为 MVC 框架。

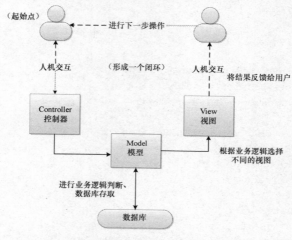

图 5.65　MVC 框架

5.4.2 Struts 2 简介

Struts 2 是流行和成熟的基于 MVC 设计模式的 Web 应用程序框架,它本质上相当于一个小服务程序(Servlet)。在 MVC 设计模式中,Struts 2 作为控制器来建立模型与视图的数据交互。Struts 2 以 WebWork 为核心,采用拦截器的机制来处理用户的请求,这样的设计也使得业务逻辑控制器能够与 Servlet API 完全脱离开,所以 Struts 2 可以理解为 WebWork 的更新产品。虽然从 Struts 1 到 Struts 2 有着太大的变化,但是相比 WebWork,Struts 2 的变化很小。如图 5.66 所示为 Struts 2 的 MVC 结构。

Struts 2 相比 Struts 1 的优点有:

(1)在软件设计上,Struts 2 没有像 Struts 1 那样跟 Servlet API 和 Struts API 有着紧密的耦合。Struts 2 的应用可以不依赖于 Servlet API 和 Struts API。

(2)Struts 2 提供了拦截器,利用拦截器可以进行面向切面编程。

(3)Struts 2 提供了类型转换器。

(4)Struts 2 提供支持多种表现层技术,如 JSP、freeMarker 等。

(5) Struts 2 可以指定方法进行输入校验。

(6) Struts 2 提供了全局范围、包范围和 Action 范围的国际化资源文件管理。

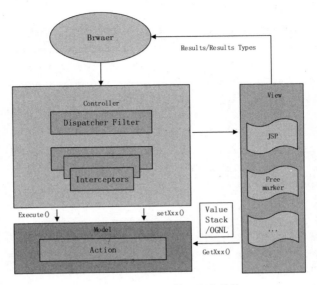

图 5.66 Struts 2 的 MVC 结构

5.4.3 Struts 2 应用实例

1. 创建工程导入相关 jar 包

Struts 2 的 jar 包可以到其官网下载，本实例用的是 struts-2.3.16-all.zip 版本，下载后在 MyEclipse 中新建 Web 工程，命名为 Struts2demo，然后将 jar 包导入工程中，如图 5.67 所示。

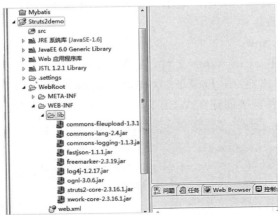

图 5.67 新建 Struts2demo 项目

2. 修改 web.xml

在 Struts 2 中，Struts 框架是通过 Filter 启动的，打开 web.xml 文件，修改参数配置，修改后的具体配置代码如下：

```xml
<?xmlversion="1.0"encoding="UTF-8"?>
<web-appversion="2.5"xmlns="http://java.sun.com/xml/ns/javaee"
xmlns:xsi="http://www.w3.org/2001/XMLSchema-instance"
xsi:schemaLocation="http://java.sun.com/xml/ns/javaee
http://java.sun.com/xml/ns/javaee/web-app_2_5.xsd">
<filter>
<filter-name>struts</filter-name>
<filter-class>
org.apache.struts2.dispatcher.ng.filter.StrutsPrepareAndExecuteFilter
</filter-class>
</filter>
<!-- Struts 2 的 Filter 的 URI 配置 -->
<filter-mapping>
<filter-name>struts</filter-name>
<url-pattern>/*</url-pattern>
</filter-mapping>
<welcome-file-list>
<welcome-file>index.jsp</welcome-file>
</welcome-file-list>
</web-app>
```

在 StrutsPrepareAndExecuteFilter 的 init() 方法中将会读取类路径下默认的配置文件 struts.xml 完成初始化操作。Filter 过滤器是用户请求和处理程序之间的一层处理程序。它可以对用户请求和处理程序响应的内容进行处理，通常用于权限、编码转换等场合。

3. 配置 struts.xml

下面需要创建 struts.xml 文件，配置 struts 2 要调用的 Action 类。将 struts.xml 直接新建在 src 目录下，这样部署的时候会自动发布到 WEB-INF/classes 目录下，或者直接创建在 WEB-INF/classes 目录下。代码如下：

```xml
<?xmlversion="1.0"encoding="UTF-8"?>
<!DOCTYPEstrutsPUBLIC
"-//Apache Software Foundation//DTD Struts Configuration 2.3//EN"
"http://struts.apache.org/dtds/struts-2.3.dtd">

<struts>
```

```
< packagename= "main"extends= "struts-default">
< actionname= "helloworld"class= "action.Helloworld">
< resultname= "success"> /helloworld.jsp< /result>
< /action>
< /package>
< /struts>
```

其中,package 元素的作用类似于 Java 包的机制,它是用于分门别类的一个工具,extends 属性如它的名字一样继承了 struts-default 这个包的所有信息。一般自己创建的包最好都继承它,因为它提供了绝大部分的功能,可以在 struts2-core 的 jar 包中的 struts-default.xml 文件中找到这个包。Action 元素对应表单,例如你的表单是"welcome",那么该表单提交后就会将参数交予 Action 中 name="welcome"的实现类处理。result 元素为 Action 的结果,它由动作类返回的控制字段选择。

4. 创建 Action 实例

在 Struts 2 框架中有一种类是用来代替 Web 项目中的 Servlet,这种类在 Struts 2 框架中被称为 Action,所以 Action 其实也是一种 Java 类,是比 Servlet 功能更加强大的 Java 类,同时还比 Servlet 操作简单。其默认执行 execute()方法,并根据结果返回字符,然后 struts.xml 根据返回的字符跳到相应的页面。本例中 Helloworld.java 的代码如下:

```
package action;

import com.opensymphony.xwork2.ActionSupport;

publicclassHelloworldextends ActionSupport {

publicfinalstatic String MESSAGE = "Struts2 is up and running...";

private String message;

public String getMessage() {
returnmessage;
}

publicvoid setMessage(String message) {
this.message = message;
}
public String execute() throws Exception
    {
        setMessage(MESSAGE);
returnSUCCESS;
    }

}
```

5. 创建 Java 服务器页面

新建一个 Java 服务器页面来呈现信息,代码如下:

```
<%@ pagelanguage="java"import="java.util.*" pageEncoding="UTF-8"%>
<!DOCTYPEHTMLPUBLIC"-//W3C//DTD HTML 4.01 Transitional//EN">

<%@ taglibprefix="s"uri="/struts-tags"%>

<html>
<head>
<title>Hello World!</title>
</head>

<body>
<h2><s:propertyvalue="message"/></h2>
</body>
</html>
```

6. 部署运行

将项目部署到 MyEclipse 的 Tomcat 服务器上发布,然后打开浏览器,在地址栏中输入 http://localhost:8080/Struts2demo/helloworld,浏览器效果如图 5.68 所示。

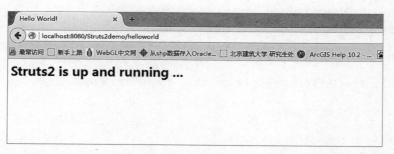

图 5.68　Helloworld 运行结果

5.4.4　Struts 2 的工作流程

在 Struts 2 的应用中,从用户请求到服务器返回相应响应给用户端的过程中,包含了许多组件,如 Controller、ActionProxy、ActionMapping、ConfigurationManager、ActionInvocation、Inerceptor、Action、Result 等。下面简单介绍这些组件有什么联系,以及它们之间是怎样在一起工作的。

如图 5.69 所示为 Struts 2 的工作流程,通常来说,一个简单请求在 Struts 2 框架中的处理分为以下几个步骤:

(1) 客户端(Client)向 Action 发用一个请求(Request)。
(2) 容器(Container)通过 web.xml 映射请求,并获得控制器(Controller)的名字。
(3) 容器(Container)调用控制器(StrutsPrepareAndExecuteFilter 或 FilterDispatcher)。在 Struts 2.1 以前调用 FilterDispatcher, Struts 2.1 以后调用 StrutsPrepareAndExecuteFilter。
(4) 控制器(Controller)通过 ActionMapper 获得 Action 的信息。
(5) 控制器(Controller)调用 ActionProxy。
(6) ActionProxy 读取 struts.xml 文件,获取 Action 和 Interceptor 的信息。
(7) ActionProxy 把请求传递给 ActionInvocation。
(8) ActionInvocation 依次调用 Action 和 Interceptor。
(9) 根据 Action 的配置信息,产生 Result。
(10) Result 信息返回给 ActionInvocation。
(11) 产生一个 HttpServletResponse 响应。
(12) 产生的响应行为发送给客服端。

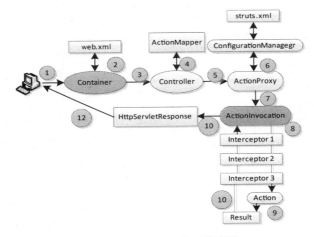

图 5.69 Struts 2 的工作流程

5.4.5 Struts 2 的配置文件

与 Struts 2 框架相关的配置文件有 web.xml、struts.properties、struts.xml 等。web.xml 主要配置 Struts 2 的过滤器(Filter); struts.properties 配置 Struts 2 的一些属性,如上传文件时的大小设置; struts.xml 配置完成业务的 Action。

1. web.xml 文件

熟悉网络开发的都清楚,web.xml 文件是访问的入口,Struts 2 中 web.xml 主要完成对 FilterDispatcher 的配置。它的实质是一个过滤器,负责初始化整个

Struts框架,并且处理所有的请求。这个过滤器可以包括一些初始化参数,有的参数指定了要加载哪些额外的 XML 配置文件,还有的会影响 Struts 框架的行为。除了 FilterDispatcher 外,Struts 还提供了一个 ActionContexCleanUp 类,它的主要任务是当有其他一些过滤器要访问一个初始化好了的 Struts 框架时,负责处理一些特殊的清除任务。一个简单的 web.xml 文件代码如下:

```xml
<?xml version="1.0" encoding="UTF-8"?>
<web-app version="2.5" xmlns="http://java.sun.com/xml/ns/javaee"
xmlns:xsi="http://www.w3.org/2001/XMLSchema-instance"
xsi:schemaLocation="http://java.sun.com/xml/ns/javaee
http://java.sun.com/xml/ns/javaee/web-app_2_5.xsd">
<filter>
<filter-name>struts</filter-name>
<filter-class>
org.apache.struts2.dispatcher.ng.filter.StrutsPrepareAndExecuteFilter
</filter-class>
</filter>
<!-- Struts 2 的 Filter 的 URL 配置 -->
<filter-mapping>
<filter-name>struts</filter-name>
<url-pattern>/*</url-pattern>
</filter-mapping>
<welcome-file-list>
<welcome-file>index.jsp</welcome-file>
</welcome-file-list>
</web-app>
```

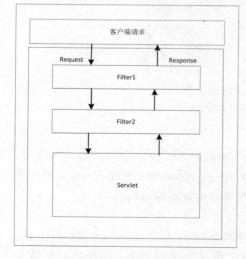

图 5.70　Filter 滤镜

代码中 Filter 的设置是配置需要修改的部分,截获所有统一资源定位器(uniform resource locator,URL)请求到 Filter 类中,这样就实现了控制和分发。Filter 是 Servlet 中的功能,意为滤镜或者过滤器,用于在 Servlet 之外对 Request 或者 Response 进行修改。过程如图 5.70 所示,在 Java web 中,传入的 Request、Response 需提前过滤掉一些信息,或者提前设置一些参数,然后再传入 Servlet 或者 Struts 的 Action 进行业务逻辑,如过滤掉非法 URL。

2. struts.properties 文件

Struts 框架包含很多属性,可以通过改变这些属性来满足个性化配置的需求。要改变这些属性,只需在 struts. properties 文件中指定属性的 key 和 value 即可。属性文件可以放在任何一个包含在 CLASSPATH 中的路径上,但是通常都把它放在/WEB-INF/classes 目录下面,可以在 struts-default. properties 文件中找到属性的列表。

3. struts. xml 文件

Struts 框架的核心配置文件就是这个默认的 struts. xml 文件,在这个默认的配置文件里面可以根据需要再包含一些其他配置文件。在通常的应用开发中,可以为每个不同的模块单独配置一个 struts. xml 文件,这样也利于管理和维护。一个简单的 struts. xml 代码如下:

```
< ? xml version= "1.0" encoding= "UTF-8"? ->
< ! DOCTYPE struts PUBLIC
  "-//Apache Software Foundation//DTD Struts Configuration 2.0//EN"
  "http://struts.apache.org/dtds/struts-2.0.dtd">
< struts>
< constantname= "struts.devMode"value= "true"/>
< packagename= "helloworld"extends= "struts-default">

< actionname= "hello"
class= "com.yiibai.struts2.HelloWorldAction"
method= "execute">
< resultname= "success"> /HelloWorld.jsp< /result>
< /action>
< - - more actions can be listed here - - >

< /package>
< - - more packages can be listed here - - >
< /struts>
```

§5.5 Spring 初识

Spring 是一个轻量级的框架,不需要特殊容器的支持,不依赖于特定的规范。不同于 Struts、MyBatis 等,Spring 不提供某种功能,它只是将所有的组件部署到 Spring 中,管理、维护和执行它们,因此 Spring 也被称为轻量级"容器"。

5.5.1 Spring 介绍

Spring 是应用最广泛的轻量级 JavaEE 应用程序框架,以 IoC、AOP 为主要思想,能够协同 Struts 2、MyBatis、WebWork 等众多框架,由 Rod Johnson

创建。

Rod Johnson 在 2002 年编著的《Expert one on one J2EE design and development》一书中，对 JavaEE 系统框架臃肿、低效、脱离现实的种种现状提出了质疑，并积极寻求探索革新之道。以此书为指导思想，他编写了 interface21 框架，这是一个力图冲破 JavaEE 传统开发困境，从实际需求出发，着眼于轻便、灵巧，易于开发、测试和部署的轻量级开发框架。Spring 框架即以 interface21 框架为基础，经过重新设计，并不断丰富其内涵，于 2004 年 3 月 24 日，发布了 1.0 正式版。

传统 JavaEE 应用的开发效率低，应用服务器厂商对各种技术的支持并没有真正统一，导致 JavaEE 的应用没有真正实现"一次编写，到处运行"的承诺。Spring 作为开源的中间件，独立于各种应用服务器，甚至无须应用服务器的支持也能提供应用服务器的功能，如声明式事务、事务处理等。Spring 致力于 JavaEE 应用的各层解决方案，而不是仅仅专注于某一层的方案。可以说，Spring 是企业应用开发的"一站式"选择，贯穿表现层、业务层及持久层。然而，Spring 并不想取代那些已有的框架，只是与它们实现无缝的整合。

5.5.2 Spring 架构概述

如图 5.71 所示，可以看到 Spring 主要包括的模块，每个模块的功能为：

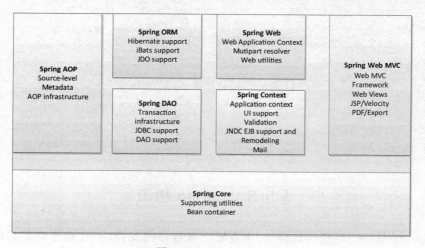

图 5.71 Spring 框架

（1）核心容器（Spring Core）：核心容器提供 Spring 框架的基本功能，提供了 IoC 基本框架。在 Spring 中，BeanFactory 是 IoC 容器的核心接口，负责实例化、定位、配置应用程序中的对象及建立这些对象间的依赖；XmlBeanFactory 实现 BeanFactory 接口，通过获取 XML 配置文件数据，组成应用对象及对象间的依赖关系。

（2）Spring 上下文（Spring Context）：Spring 上下文是一个配置文件，向 Spring 框架提供上下文信息。Spring 上下文包括企业服务，如 JNDI、EJB、电子邮件、国际化、校验和调度功能。

（3）Spring AOP：通过配置管理特性，Spring AOP 模块直接将面向切面的编程功能集成到 Spring 框架中。所以，可以很容易地使 Spring 框架管理的任何对象支持 AOP。Spring AOP 模块为基于 Spring 的应用程序中的对象提供了事务管理服务。通过使用 Spring AOP，不用依赖 EJB 组件就可以将声明性事务管理集成到应用程序中。

（4）Spring DAO：JDBC DAO 抽象层提供了有意义的异常层次结构，可用该结构来管理异常和处理不同数据库供应商抛出的错误消息。异常层次结构简化了错误处理，并且极大地降低了需要编写的异常代码数量（如打开和关闭链接）。Spring DAO 的面向 JDBC 的异常遵从通用的数据访问对象（data access object，DAO）异常层次结构。

（5）Spring ORM：Spring 框架插入了若干个 ORM 框架，从而提供了 ORM 的对象关系工具，其中包括 JDO、Hibernate 和 iBatis。所有这些都遵从 Spring 的通用事务和 DAO 异常层次结构。

（6）Spring Web：Web 上下文模块建立在应用程序上下文模块之上，为基于 Web 的应用程序提供了上下文。所以，Spring 框架支持与 Jakarta Struts 的集成。Web 模块还简化了处理大部分请求，并将请求参数绑定到域对象的工作。

（7）Spring Web MVC：MVC 框架是一个可以全功能构建 Web 应用程序的 MVC 实现。

Spring 的两大核心技术 IoC 和 AOP 的特征如下：

（1）控制反转（IoC）又称依赖注入（dependency injection），Spring 通过该技术促进了低耦合。当应用了 IoC，一个对象依赖的其他对象会通过被动的方式传递进来，而不是这个对象自己创建或者查找依赖对象。对于某个具体的对象而言，以前是它控制其他对象，现在所有的对象都被 Spring 控制，这就是控制反转。

（2）面向切面编程（AOP）就是纵向的编程，业务 1 和业务 2 都需要一个共同的操作，与其每个业务中都添加同样的代码，不如写一遍代码，让两个业务共同使用这段代码。Spring 中面向切面编程的实现有两种方式：一种是动态代理，一种是 CGLIB。动态代理必须要提供接口，而 CGLIB 实现只需继承。

5.5.3　Spring IoC 的思想

1. IoC 的理论背景

采用面向对象方法设计的软件系统中，底层实现都是由 N 个对象组成的，所有的对象通过彼此的合作，最终实现系统的业务逻辑。如果其中一个对象出现了问题,那么会影响整个系统的业务实现。对象之间耦合关系是无法避免的,也是必要的,这是协同工作的基础。但是对象之间耦合度过高的系统,必然会出现牵一发而动全身的情形。

耦合关系不仅会出现在对象与对象之间,也会出现在软件系统的各模块之间,以及软件系统和硬件系统之间。如何降低系统之间、模块之间和对象之间的耦合度,是软件工程永远追求的目标之一。为了解决对象之间耦合度过高的问题,软件专家 Michael Mattson 提出了 IoC 理论,用来实现对象之间的"解耦"。目前这个理论已经被成功地应用到实践当中,很多的 JavaEE 项目均采用了 IoC 框架产品 Spring。

2. 控制反转

控制反转(IoC)简单来说就是把复杂系统分解成相互合作的对象,这些对象类通过封装以后,内部实现对外部是透明的,从而降低了解决问题的复杂度,而且可以灵活地被重用和扩展。如图 5.72 所示,IoC 理论提出的观点大体是这样的:借助"第三方"实现具有依赖关系的对象之间的解耦,也就是通过一个 IoC 容器将系统中的对象或者模块联系在一起,由原来的对象模块之间直接产生关系变为通过这个容器产生关系,这样当实现一个对象或者模块时就不需要考虑其他模块的问题了,最大程度降低了它们之间的依赖关系。

图 5.72 IoC 解耦

控制反转的体现在于对象之间的依赖关系由主动行为变为被动行为,控制权颠倒了。例如,在没有加入 IoC 容器之前,对象 A 依赖于对象 B,那么对象 A 在初始化或者运行到某一点时,自己必须主动去创建对象 B 或者使用已经创建的对象 B。无论是创建还是使用已经创建的对象 B,控制权都在自己手上。系统在引入 IoC 容器之后,这种情况就完全变了,由于 IoC 容器的加入,对象 A 与对象 B 之间失去了直接联系,所以,当对象 A 运行到需要对象 B 时,IoC 容器会主动创建一个对象 B 注入对象 A 需要的地方。

3. 一个依赖注入的实例

在传统的程序中,相互依赖性是固定在程序中的。程序的运行也是一步一步的,完全按照程序代码执行,根据代码就知道程序运行的流程步骤。一个传统的程序可能需要通过应用层、服务层及 DAO 层来实现，层与层之间互相调用，程序的执行流程很容易获得。

在应用层先实例化一个服务层对象，然后调用该对象的 service()方法服务用户，代码如下：

```
package test;
import service.Serviceexample;
publicclass Test {
publicstaticvoid main(String[] args) {
                        // TODO 自动生成的方法存根
String name= "小明";
Serviceexample service= new Serviceexample();
                        // 实例化 Serviceexample
service.service(name);    //调用 service()方法
}
}
```

而在 Serviceexample 中，需要实例化一个 DAO 层的 Daoexample 对象，通过 Daoexample 的 sayHello()方法来输出问候语，所以服务层 service()的代码如下：

```
package service;
import Dao.Daoexample;
publicclass Serviceexample {
private Daoexample dao1= new Daoexample();
publicvoid service(String name)
{
System.out.println(dao1.sayHello(name));
}
}
```

Serviceexample 输出了欢迎语，而最终的欢迎语句内容由 Daoexample 决定，DAO 层的代码如下：

```
package Dao;

publicclass Daoexample {
public String sayHello(String name)
{
return"你好:"+ name;
}

}
```

以上是传统的三层式实现应用程序,而利用 Spring 的 IoC 思想,可以使用另一种方式实现。首先,需要把 Spring 所需要的 jar 包加入项目中,即放在项目/WEB-INF/lib 下;接下来,需要定义 DAO 层的接口,在这里使用接口编程,IDao 接口只有一个方法就是 sayHello(),参数为人名,方法返回对该人名的问候语。IDao 和 Daoimpl 的代码如下:

```
package Dao;

publicinterface IDao {
public String sayHello(String name);
}

package Dao;
publicclass Daoimpl implements IDao{

public String sayHello(String name) {
return"你好:"+ name;
}
}
```

最后,是服务层的接口定义及实现,Iservice 和 ServiceImpl 代码如下:

```
package service;
publicinterface Iservice {
publicvoid service (String name);
}

package service;
import Dao.IDao;
publicclass ServiceImpl implements Iservice {
private IDao dao;
public IDao getDao() {
returndao;
}
publicvoid setDao(IDao dao) {
this.dao = dao;
}
publicvoid service(String name) {
System.out.println(dao.sayHello(name));
}
}
```

第5章 地物属性服务的开发

在服务层的代码实现中,定义了一个 IDao 类的私有对象,以及对应的 getter() 和 setter() 方法,在这里没有实例化一个 Daoimpl 对象,该对象将被 Spring 注射进来,而注入的动作是在运行时才有的,是在 ServiceImpl 代码写完之后。

在 Iservice 代码中没有 IDao 的对象,只有一个 IDao 类型的变量及对应的 getter() 和 setter() 方法,运行 ServiceImpl 时所依赖的 IDao 对象的依赖关系不用写在程序里,而是配置在 Spring 文件中,由 Spring 在运行时才进行设置,配置文件的部分代码如下:

```xml
<? xmlversion= "1.0"encoding= "UTF-8"? >
< beansxmlns= "http://www.springframework.org/schema/beans"
xmlns:xsi= "http://www.w3.org/2001/XMLSchema-instance"
xmlns:aop= "http://www.springframework.org/schema/aop"
xmlns:tx= "http://www.springframework.org/schema/tx"
xmlns:jdbc= "http://www.springframework.org/schema/jdbc"
xmlns:context= "http://www.springframework.org/schema/context"
xsi:schemaLocation= "
http://www.springframework.org/schema/context
http://www.springframework.org/schema/context/spring-context-3.0.xsd
http://www.springframework.org/schema/beans
http://www.springframework.org/schema/beans/spring-beans-3.0.xsd
http://www.springframework.org/schema/jdbc
http://www.springframework.org/schema/jdbc/spring-jdbc-3.0.xsd
http://www.springframework.org/schema/tx
http://www.springframework.org/schema/tx/spring-tx-3.0.xsd
http://www.springframework.org/schema/aop
http://www.springframework.org/schema/aop/spring-aop-3.0.xsd">
< beanid= "Daoimpl"class= "spring.Dao.Daoimpl">
< /bean>
< beanid= "service"class= "spring.service.ServiceImpl">
< propertyname= "dao"ref= "Daoimpl"/>
< /bean>
< /beans>
```

配置文件中<bean>配置了 Daoimpl 类和 ServiceImpl 类对象,Spring 会负责实例化这两个对象,同时在服务层中设置 DAO 属性为 Daoimpl,这样 Spring 会根据该配置在运行时使用 serter() 和 getter() 方法注入依赖的对象。

最后在应用层测试程序运行结果,代码如下:

```
package test;
importorg.springframework.beans.factory.xml.XmlBeanFactory;
import org.springframework.core.io.ClassPathResource;

import service.Iservice;
importservice.Serviceexample;

publicclass Test {
    publicstaticvoid main(String[] args) {
        // TODO 自动生成的方法存根
        XmlBeanFactory factory= newXmlBeanFactory( new ClassPath- Resource ("applicationContext.xml"));
        Iservice hello= (Iservice) factory.getBean("service");
        hello.service("小明");
        factory.destroySingletons();
    }
}
```

传统程序和利用 IoC 思想方法实现的程序会输出相同的结果"你好:小明"。程序的包层次如图 5.73 所示，其中 applicationContext.xml 是配置 DAO 层与服务层的文件。

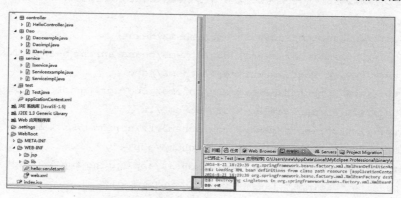

图 5.73　包层次

5.5.4　Spring MVC

Spring 提供一套自己的 MVC 框架，相对于 Struts、WebWork 等 MVC 框架，Spring MVC 就显得比较小巧灵活。

1. 处理流程

Spring MVC 框架是一个基于请求驱动的 Web 框架，并且也使用了前端控制器模式来进行设计，再根据请求映射规则分发给相应的页面控制器（动作/处理器）进行处理。Spring MVC 处理请求流程如图 5.74 所示。

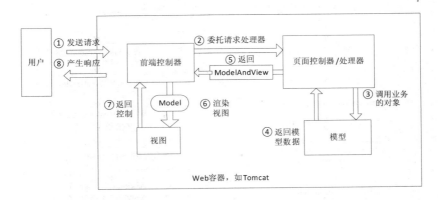

图 5.74 Spring MVC 处理请求流程

具体执行步骤如下：

(1)首先用户发送请求到前端控制器，前端控制器根据请求信息(如 URL)来决定选择哪一个页面控制器进行处理，并把请求委托给它，即以前的控制器的控制逻辑部分，如图 5.74 中的步骤①～②。

(2)页面控制器接收到请求后，进行功能处理。首先需要收集和绑定请求参数到一个对象，这个对象在 Spring MVC 中叫命令对象，并进行验证；然后将命令对象委托给业务对象进行处理；处理完毕后返回一个 ModelAndView(模型数据和逻辑视图名)，如图 5.74 中的步骤③～⑤。

(3)前端控制器收回控制权，然后根据返回的逻辑视图名选择相应的视图进行渲染，并把模型数据传入以便视图渲染，如图 5.74 中的步骤⑥～⑦。

(4)前端控制器再次收回控制权，将响应返回给用户，如图 5.74 中的步骤⑧，至此整个流程结束。

2. 框架处理步骤

对应于处理流程，Spring MVC 框架提供了一系列组件来完成流程，如图 5.75 所示。

核心架构的具体流程步骤如下：

(1)用户发送请求→DispatcherServlet，前端控制器收到请求后自己不进行处理，而是委托给其他的解析器进行处理，作为统一访问点，进行全局的流程控制。

(2)DispatcherServlet→HandlerMapping，HandlerMapping 将会把请求映射为 HandlerExecutionChain 对象，包含一个 Handler 处理器(页面控制器)、多个 HandlerInterceptor 拦截器，通过这种策略模式，很容易添加新的映射策略。

(3)HandlerMapping→HandlerAdapter，HandlerAdapter 将会把处理器包装为适配器，从而支持多种类型的处理器，即适配器设计模式的应用。

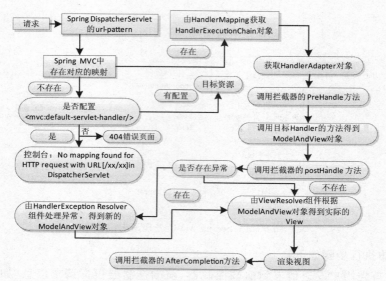

图 5.75 Spring MVC 组件具体流程

（4）HandlerAdapter→处理器功能处理方法的调用，HandlerAdapter 将会根据适配的结果调用真正的处理器的功能处理方法，完成功能处理，并返回一个 ModelAndView 对象，包含模型数据、逻辑视图名。

（5）ModelAndView 的逻辑视图名→ViewResolver，ViewResolver 把逻辑视图名解析为具体的 View，通过这种策略模式，很容易更换其他视图技术。

（6）View→渲染，View 会根据传进来的 Model 模型数据进行渲染，此处的 Model 实际是一个 Map 数据结构，因此很容易支持其他视图技术。

（7）返回控制权给 DispatcherServlet，由 DispatcherServlet 返回响应给用户，到此一个流程结束。

通过上面对 Spring MVC 处理流程和框架组件的介绍，可以基本了解这个框架的业务逻辑，也不难发现其中具体的核心开发步骤，主要包括以下几个配置：

（1）DispatcherServlet 在 web.xml 中的部署描述，从而拦截请求到 Spring MVC。

（2）对 HandlerMapping 的配置，从而将请求映射到处理器。

（3）对 HandlerAdapter 的配置，从而支持多种类型的处理器。

（4）对 ViewResolver 的配置，从而将逻辑视图名解析为具体视图技术。

（5）对处理器（页面控制器）的配置，从而进行功能处理。

3. Spring MVC 的优势

（1）清晰的角色划分：前端控制器（DispatcherServlet）、请求到处理器映射（HandlerMapping）、处理器适配器（HandlerAdapter）、视图解析器（ViewResolver）、处理器或页面控制器（Controller）、验证器（Validator）、命令对象（Command）、表单

对象(Form Object)。

(2)分工明确,扩展点相当灵活,可以很容易扩展,虽然几乎不需要。

(3)与 Spring 其他框架无缝集成,是其他 Web 框架所不具备的。

(4)可适配,通过 HandlerAdapter 可以支持任意的类作为处理器。

(5)可定制性,HandlerMapping、ViewResolver 等能够非常简单地定制。

(6)功能强大的数据验证、格式化、绑定机制。

5.5.5 Spring MVC 应用实例

1. 创建项目并配置 web.xml

打开 MyEclipse,新建一个 Web 工程命名为"Spring"。为了方便起见,将 spring-framework-3.1.1.RELEASE-with-docs.zip/dist/下的所有 jar 包拷贝到项目的 WEB-INF/lib 目录下,这里用的是 Spring 3.2.6 版本。此外还需添加 Apache commons logging 日志,此处使用的是 commons.logging-1.2.jar。建好之后的项目如图 5.76 所示。

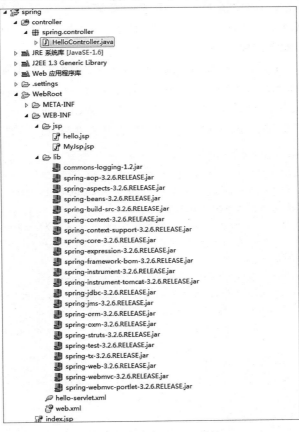

图 5.76 新建 Spring 项目

打开 WEB-INF 目录下的 web.xml 文件,在文件中配置 DispatcherServlet,在 web.xml 中添加代码如下:

```xml
< servlet>
< servlet-name> hello< /servlet-name>
< servlet-class>
      org.springframework.web.servlet.DispatcherServlet
< /servlet-class>
< load-on-startup> 1< /load-on-startup>
< /servlet>
< servlet-mapping>
< servlet-name> hello< /servlet-name>
< url-pattern> /< /url-pattern>
< /servlet-mapping>
```

代码中,load-on-startup 表示启动容器时初始化该 Servlet;url-pattern 表示哪些请求交给 Spring MVC 处理;"/"用来定义默认 Servlet 映射,也可以如"*.html"表示拦截所有以.html 为扩展名的请求。

2. Spring 的配置文件

web.xml 配置好后,请求已交给 Spring MVC 框架处理,因此需要配置 Spring 的配置文件,默认 DispatcherServlet 会加载 WEB-INF/*-servlet.xml 配置文件("*"为 DispatcherServlet 中 Servlet 的名字)。本示例为 WEB-INF/ hello-servlet.xml。在 WEB-INF 目录下新建 hello-servlet.xml 文件,打开文件修改代码如下:

```xml
< ? xmlversion= "1.0"encoding= "UTF-8"? >
< beansxmlns= "http://www.springframework.org/schema/beans"
xmlns: xsi = " http://www.w3.org/2001/XMLSchema-instance" xmlns: p = "http://www.springframework.org/schema/p"
xmlns:context= "http://www.springframework.org/schema/context"
xmlns:mvc= "http://www.springframework.org/schema/mvc"
xsi:schemaLocation= "
    http://www.springframework.org/schema/beans
    http://www.springframework.org/schema/beans/spring-beans-3.0.xsd
    http://www.springframework.org/schema/context
        http://www.springframework.org/schema/context/spring-context-3.0.xsd
    http://www.springframework.org/schema/mvc
        http://www.springframework.org/schema/mvc/spring-mvc-3.0.xsd">
< ! - - HandlerMapping - - >
< beanclass= "org.springframework.web.servlet.handler.
```

```
BeanNameUrlHandlerMapping"/>
    <!--HandlerAdapter--><beanclass="org.springf-
ramework.web.servlet.mvc.SimpleControllerHandlerAdapter"/><!--ViewRe-
solver--><beanclass="org.springframework.web.servlet.view.Internal
ResourceViewResolver">
    <propertyname="prefix"value="/WEB-INF/jsp/"/>
    <propertyname="suffix"value=".jsp"/>
    </bean>
    <beanname="/hello"class="spring.controller.Hello-
Controller"/>
    </beans>
```

BeanNameUrlHandlerMapping 表示将请求的 URL 和 Bean 名字映射, 如URL 为"context/hello", 则 Spring 配置文件必须有一个名字为"/hello"的 Bean, 上下文(context)默认忽略。

SimpleControllerHandlerAdapter 表示所有实现了 web.servlet.mvc.Controller 接口的 Bean 都可以作为 Spring MVC 中的处理器。如果需要其他类型的处理器可以通过实现 HadlerAdapter 来解决。

ViewResolver 用于支持 Servlet、JSP 视图解析。

prefix 和 suffix 为查找视图页面的前缀和后缀(前缀[逻辑视图名]后缀)。例如, 传进来的逻辑视图名为 hello, 则该 JSP 视图页面应该存放在 WEB-INF/jsp/hello.jsp。

3. 开发处理器或页面控制器

定义控制器类 HelloController, 代码如下:

```
package spring.controller;
import javax.servlet.http.HttpServletRequest;
import javax.servlet.http.HttpServletResponse;
import org.springframework.web.servlet.ModelAndView;
import org.springframework.web.servlet.mvc.Controller;
publicclass HelloController implements Controller {
@Override
public ModelAndView handleRequest(HttpServletRequest req, HttpServ-
letResponse resp) throws Exception {
    //①收集参数、验证参数
    //②绑定参数到命令对象
    //③将命令对象传入业务对象进行业务处理
    //④选择下一个页面
    System.out.println("111");
        ModelAndView mv = new ModelAndView();
```

```
        //添加模型数据 可以是任意的 POJO 对象
        mv.addObject("message", "Hello World!");
        //设置逻辑视图名,视图解析器会根据该名字解析到具体的视图页面
        mv.setViewName("hello");
return mv;
    }
}
```

org.springframework.web.servlet.mvc.Controller 表示页面控制器或处理器必须实现 Controller 接口(注意不要选错);后面我们会学习其他的处理器实现方式。

public ModelAndView handleRequest(HttpServletRequest req,HttpServletResponse resp)表示功能处理方法,实现相应的功能处理,如收集参数、验证参数、绑定参数到命令对象,将命令对象传入业务对象进行业务处理,最后返回 ModelAndView 对象。

ModelAndView 表示包含了视图要实现的模型数据和逻辑视图名; mv.addObject("message","Hello World!")表示添加模型数据,此处可以是任意 POJO 对象;mv.setViewName("hello")表示设置逻辑视图名为 hello,视图解析器会将其解析为具体的视图,如视图解析器 InternalResourceViewResolver 会将其解析为 WEB-INF/jsp/hello.jsp。

4. 开发视图页面

创建/WEB-INF/jsp/hello.jsp 视图页面,代码如下:

```
<%@ page language="java" contentType="text/html; charset=UTF-8"
  pageEncoding="UTF-8"%>
<!DOCTYPE html PUBLIC "-//W3C//DTD HTML 4.01 Transitional//EN" "http://www.w3.org/TR/html4/loose.dtd">
<html>
<head>
<%@ page isELIgnored="false"%>
<meta http-equiv="Content-Type" content="text/html; charset=UTF-8">
<title>hello.jsp</title>
</head>
<body>
${message}
</body>
</html>
```

${message}表示显示由 HelloController 处理器传过来的模型数据,是一种 EL 表达式,所以要设置<%@page isELIgnored="false"%>打开。

5. 启动服务器运行测试

通过请求 http://localhost:8080/spring/hello,页面输出"Hello World!"表明成功运行,结果如图 5.77 所示。

图 5.77 成功运行

对页面控制器的代码稍作改动,代码如下:

```
ModelAndView mv = new ModelAndView();
//添加模型数据 可以是任意的 POJO 对象
        mv.addObject("message", "Hello MyJsp!");
//设置逻辑视图名,视图解析器会根据该名字解析到具体的视图页面
        mv.setViewName("MyJsp ");
return mv;
```

创建 /WEB-INF/jsp/ MyJsp.jsp 视图页面,代码与 hello.jsp 一样,再次运行,结果如图 5.78 所示。从中可以看到 ModelAndView 起到的作用。

图 5.78 MyJsp.jsp 页面

5.5.6 Spring 配置文件

Spring 配置文件是用于指导 Spring 工厂进行 Bean 生产、依赖关系注入(装配)及 Bean 实例分发的"图纸"。JavaEE 程序员必须学会并灵活应用这份"图纸"准确地表达自己的"生产意图"。Spring 配置文件是一个或多个标准的 XML 文档,applicationContext.xml 是 Spring 的默认配置文件,当容器启动找不到指定的配置文档时,将会尝试加载这个默认的配置文件。

本书详解一个简单的 Spring applicationContext.xml 文件代码,熟练掌握这些 XML 节点及属性的用途,会为以后动手编写配置文件打下基础。

头文件及命名空间定义,代码如下:

```
< ? xmlversion= "1.0"encoding= "UTF-8"? >
//整个配置文件的根节点,包含一个或者多个 Bean 元素
```

```
< beansxmlns= http://www.springframework.org/schema/beans
//命名空间的定义
    xmlns:xsi= "http://www.w3.org/2001/XMLSchema-instance"
    xmlns:aop= "http://www.springframework.org/schema/aop"
//AOP功能的命名空间
    xmlns:tx= "http://www.springframework.org/schema/tx"
//启动什么事物时的命名空间
    xmlns:jdbc= "http://www.springframework.org/schema/jdbc"
    xmlns:context= "http://www.springframework.org/schema/context"
    xsi:schemaLocation= "
//与上述命名空间定义相配套的schema
    http://www.springframework.org/schema/context
    http://www.springframework.org/schema/context/spring-context-3.0.xsd
    http://www.springframework.org/schema/beans
    http://www.springframework.org/schema/beans/spring-beans-3.0.xsd
    http://www.springframework.org/schema/jdbc
    http://www.springframework.org/schema/jdbc/spring-jdbc-3.0.xsd
    http://www.springframework.org/schema/tx
    http://www.springframework.org/schema/tx/spring-tx-3.0.xsd
    http://www.springframework.org/schema/aop
    http://www.springframework.org/schema/aop/spring-aop-3.0.xsd">
```

数据库连接的设置,代码如下:

```
    <!-- 建立数据源 -->
< bean id= "dataSource" class= "org.apache.commons.dbcp.BasicDataSource">
<!-- 数据库驱动,这里使用的是Mysql数据库 -->
< property name= "driverClassName">
    < value> com.mysql.jdbc.Driver< /value>
    < /property>
    <!-- 数据库地址,这里要注意编码,否则会出现乱码的现象 -->
< property name= "url">
    < value>
    jdbc:mysql://localhost:3306/tie? useUnicode= true&amp;characterEncoding= utf-8
    < /value>
    < /property>
    <!-- 数据库的用户名 -->
< property name= "username">
    < value> root< /value>
```

```xml
</property>
<!-- 数据库的密码 -->
<property name="password">
<value>123</value>
</property>
</bean>
<!-- 把数据源注入给Session工厂 -->
<bean id="sessionFactory"
 class="org.springframework.orm.hibernate3.LocalSession-FactoryBean">
<property name="dataSource">
<ref bean="dataSource" />
</property>
<!-- 配置映射文件 -->
<property name="mappingResources">
<list>
<value>com/alonely/vo/User.hbm.xml</value>
</list>
</property>
</bean>
<!-- 把Session工厂注入给hibernateTemplate -->
<bean id="hibernateTemplate"
 class="org.springframework.orm.hibernate3.HibernateTemplate">
<constructor-arg>
<ref local="sessionFactory" />
</constructor-arg>
</bean>
```

上述代码中，hibernateTemplate 提供了很多方便的方法，在执行时自动建立 HibernateCallback 对象，如 load()、get()、save()、delete()等方法。

组件层相互注入，代码如下：

```xml
<!-- 把DAO注入给Session工厂 -->
<bean id="userDAO" class="com.alonely.dao.UserDAO">
<property name="sessionFactory">
<ref bean="sessionFactory" />
</property>
</bean>
<!-- 把Service注入给DAO -->
<bean id="userService" class="com.alonely.service.UserService">
```

```
            < property name= "userDAO">
            < ref local= "userDAO" />
            < /property>
            < /bean>
            < ! - - 把 Action 注入给 Service - - >
            < bean name= "/user" class= "com. alonely. struts. action.
UserAction">
            < property name= "userService">
            < ref bean= "userService" />
            < /property>
            < /bean>
            < /beans>
```

§5.6 集成实例

经过前面的学习,我们对于 MyBatis、Struts 2 及 Spring 三个框架都有了初步的认识,接下来学习如何整合这三个框架为项目所用。

5.6.1 准备安装文件

将三个框架集成,首先要下载所需要的相应 jar 包及插件,以下为本实例所需要的安装文件,可以从官网中下载:

(1)框架版本:MyBatis 3.3.0 ,Struts 2.3.24 ,Spring 3.2.6。
(2)MyBatis Spring 集成 jar:Mybatis-spring 1.1.1。
(3)MyBatis MyEclipse 代码自动生成插件:mybatis-generator-core 1.3.2。
(4)JDBC jar:ojdbc14。
(5)JSON 解析包:Google Gson 2.2.24。
(6)实例开发环境:JavaEE 6+ ,Tomcat 7,MyEclispse 2013。
如图 5.79 所示为本实例结构。

5.6.2 配置 Struts 2

在前面的章节已经介绍了 Struts 2 的相关配置,这里不再赘述。配置步骤有以下几步。

1. 新建 web 项目并配置 web. xml

将下载好的 struts-2.3.24-all. zip 解压后,把其中的 jar 包放入 lib 文件夹下,需要用到的 jar 包如图 5.80 所示。

第 5 章 地物属性服务的开发

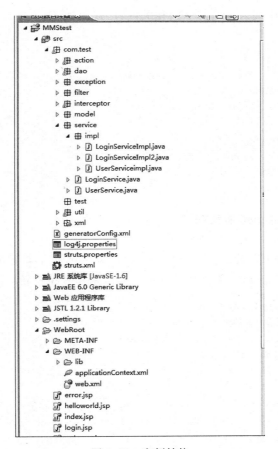

图 5.79 实例结构

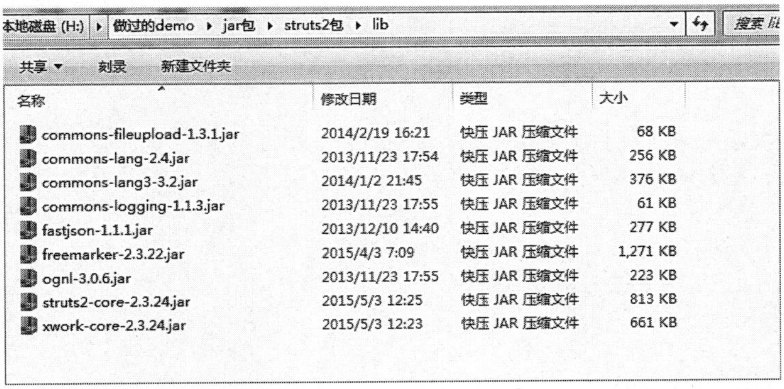

图 5.80 Struts 2 需要用到的 jar 包

在 web.xml 中加入 Struts 2 的相关内容，代码如下：

```
< filter>
< filter-name> struts2< /filter-name>
< filterclass> org.apache.struts2.dispatcher.ng.filter.StrutsPrepareAndExecuteFilter< /filter-class>
< /filter>
< filter-mapping>
< filter-name> struts2< /filter-name>
< url-pattern> /* < /url-pattern>
< /filter-mapping>
```

2. 编写一个 Action 验证配置

（1）编写 Action。

在 src 根目录下新建 Action 包 com.test.action，包中新建测试 Action 类，该类继承至 ActionSupport，命名为 LoginAction，用作登录跳转，代码如下：

```
package com.test.action;
import com.opensymphony.xwork2.ActionSupport;
public class LoginAction extends ActionSupport {
private String username ;
private String password ;
@Override
public String execute() throws Exception {
System.out.println("LoginAction execute invoked!");
if(username.equals("helloween") &&password.equals("1234") )
{
System.out.println("user ok");
return SUCCESS;
}
else
{
System.out.println("user invalid");
return INPUT ;
}
}
public String getUsername() {
return username;
}
public void setUsername(String username) {
this.username = username;
}
```

```
public String getPassword() {
return password;
}
public void setPassword(String password) {
this.password = password;
}
}
```

(2)配置 struts2.xml。

接下来需要配置 struts2.xml,代码如下:

```xml
<?xml version="1.0" encoding="UTF-8"?>
<!DOCTYPE struts PUBLIC
"-//Apache Software Foundation//DTD Struts Configuration 2.3//EN"
"http://struts.apache.org/dtds/struts-2.3.dtd">
<struts>
<package name="main" extends="struts-default">
<action name="login" class="com.test.action.LoginAction">
<result name="success">/welcom.jsp</result>
<result name="input">/login.jsp</result>
</action>
</package>
</struts>
```

注意:此时的 Action 实例还是由 Struts 自己来维护,class 取值包含完整的路径。

(3)新建两个 JSP 页面:login.jsp(登录页面)、welcome.jsp(登录成功页面,提示用户登录成功)。流程说明:用户输入账号和密码(本案例中账号为 helloween,密码为 1234)验证成功后转到 welcome.jsp 页面,否则仍然返回到 login.jsp 页面。

login.jsp 的代码如下:

```jsp
<%@ page language="java" contentType="text/html; charset=UTF 8"%>
<%@ taglib uri="/struts-tags" prefix="struts"%>
<!DOCTYPE HTML PUBLIC "-//W3C//DTD HTML 4.01 Transitional//EN">
<html>
<head>
<title>My JSP 'index.jsp' starting page</title>
<struts:head theme="simple"/>
</head>
<body>
```

```
< struts:formaction= "loginPerson">
< struts:labelvalue= "登录系统"> < /struts:label>
< struts:textfieldname= "name"label= "账号"> < /struts:textfield>
< struts:passwordname= "password"label= "密码"> < /struts:password>
< struts:submitvalue= "登录"> < /struts:submit>
< /struts:form>
helloween, 1234
< /body>
< /html>
```

welcome.jsp 代码如下：

```
< %@ pagelanguage= "java"contentType= "text/html; charset= UTF 8"% >
< %@ tagliburi= "/struts-tags"prefix= "struts"% >
< ! DOCTYPEHTMLPUBLIC" - //W3C//DTD HTML 4.01 Transitional//EN">
< html>
< head>
< title> My JSP 'index.jsp' starting page< /title>
< struts:headtheme= "simple"/>
< /head>
< body>
登录成功,欢迎你,< struts:propertyvalue= "name"/>
< /body>
< /html>
```

(4)结果验证。

在浏览器中输入 http://localhost:8080/MMStest/login.jsp 进行验证,首先是出现登录界面,如图 5.81 所示。

图 5.81　登录界面

输入账号和密码,单击登录按钮后会跳转到登录成功页面,如图 5.82 所示。

第 5 章 地物属性服务的开发　　　　　　　　　159

图 5.82　登 录 成 功

3. 增加异常处理机制

采用 Struts 2 自有的异常处理机制，避免所有地方加上 try/catch。增加 com.test.exception 包，并在其中增加自定义业务异常类 BusinessException.java，代码如下：

```
package com.test.exception;
publicclass BusinessException extends RuntimeException {
privatestaticfinallongserialVersionUID = 0xc1a865c45ffdc5f9L;
public BusinessException(String frdMessage) {
super(createFriendlyErrMsg(frdMessage));
}
public BusinessException(Throwable throwable) {
super(throwable);
}
public BusinessException(Throwable throwable, String frdMessage) {
super(throwable);
}
privatestatic String createFriendlyErrMsg(String msgBody) {
String prefixStr = "抱歉,";
String suffixStr = "请稍后再试或与管理员联系!";
StringBuffer friendlyErrMsg = new StringBuffer("");
friendlyErrMsg.append(prefixStr);
friendlyErrMsg.append(msgBody);
friendlyErrMsg.append(suffixStr);
return friendlyErrMsg.toString();
}
}
```

增加 com.test.interceptor 包，其中增加一个异常转换的拦截器类，代码如下：

```java
packagecom.jsdz.interceptor;
import java.io.IOException;
import java.sql.SQLException;
import com.jsdz.exception.BusinessException;
import com.opensymphony.xwork2.ActionInvocation;
import com.opensymphony.xwork2.interceptor.AbstractInterceptor;
public class BusinessInterceptor extends AbstractInterceptor {
@Override
public String intercept(ActionInvocation invocation) throws Exception{
System.out.println("BusinessInterceptor intercept() invoked!");
before(invocation);
String result = "";
try {
result = invocation.invoke();
} catch (DataAccessException ex) {
throw new BusinessException("数据库操作失败!");
} catch (NullPointerException ex) {
throw new BusinessException("调用了未经初始化的对象或者是不存在的对象!");
} catch (IOException ex) {
throw new BusinessException("IO异常!");
} catch (ClassNotFoundException ex) {
throw new BusinessException("指定的类不存在!");
} catch (ArithmeticException ex) {
throw new BusinessException("数学运算异常!");
} catch (ArrayIndexOutOfBoundsException ex) {
throw new BusinessException("数组下标越界!");
} catch (IllegalArgumentException ex) {
throw new BusinessException("方法的参数错误!");
} catch (ClassCastException ex) {
throw new BusinessException("类型强制转换错误!");
} catch (SecurityException ex) {
throw new BusinessException("违背安全原则异常!");
} catch (SQLException ex) {
throw new BusinessException("操作数据库异常!");
} catch (NoSuchMethodError ex) {
throw new BusinessException("方法未找到异常!");
} catch (InternalError ex) {
throw new BusinessException("Java虚拟机发生了内部错误");
```

```
} catch (Exception ex) {
throw new BusinessException("程序内部错误,操作失败!");
}
after(invocation, result);
return result ;
}
/* *
* 验证登录等...
* @ param invocation
* @ return
* @ throws Exception
* /
public void before(ActionInvocation invocation) throws Exception {
//...
}
/* *
* 记录日志等...
* @ param invocation
* @ return
* @ throws Exception
* /
public void after(ActionInvocation invocation,String result) throws Exception{
//...
}}
```

在 WebContent 目录下新建 error.jsp,代表出错时跳转的页面,代码如下:

```
<%@ page language="java" contentType="text/html; charset=UTF-8"
pageEncoding="UTF-8"%>
<%@ taglib prefix="s" uri="/struts-tags" %>
<!DOCTYPE html PUBLIC "-//W3C//DTD HTML 4.01 Transitional//EN"
"http://www.w3.org/TR/html4/loose.dtd">
<html>
<head>
<meta http-equiv="Content-Type" content="text/html; charset=UTF-8">
<title>error</title>
</head>
<s:property value="exception.message"/>
<body>
</body>
</html>
```

在 struts.xml 配置文件中加入拦截器及错误跳转指示,代码如下:

```xml
<!--注册拦截器-->
<interceptors>
<interceptor name="businessInterceptor"
class="com.jsdz.interceptor.BusinessInterceptor"/>
<interceptor-stack name="mystack">
<interceptor-ref name="defaultStack"/>
<interceptor-ref name="businessInterceptor"/>
</interceptor-stack>
</interceptors>
<!--设置默认拦截器栈-->
<default-interceptor-ref name="mystack"/>
<!--全局跳转页面-->
<global-results>
<result name="error">/error.jsp</result>
</global-results>
<!--全局异常-->
<global-exception-mappings>
<exception-mapping result="error" exception="java.lang.Exception"/>
</global-exception-mappings>
```

5.6.3 整合 Spring

(1)将相关 Jar 包添加到项目中,需要用到 struts-2.3.24-all.zip 中的 struts2-spring-plugin-2.3.3.jar,以及 spring-framework-3.2.6.RELEASE 中包含的相关 Spring 包。

(2)修改 web.xml。

在文件中增加 Spring 监听的配置信息,让 Spring 在 Tomcat 启动的时候加载,代码如下:

```xml
<!--Spring 监听器-->
<listener>
<listener-class>org.springframework.web.context.ContextLoaderListener</listener-class>
</listener>
<!--Spring 监听器,使用 scope=request 时必须加上-->
<listener>
```

```
    < listenerclass> org.springframework.web.context.request.RequestContextListener
    < /listener-class>
  < /listener>
```

(3) 创建业务组件接口及实现类：LoginService、LoginServiceImpl。在 Action 中不再自己负责逻辑判断，提交给 LoginService 来处理业务。LoginService 的代码如下：

```
package com.test.service;
import org.springframework.context.annotation.Scope;
import org.springframework.stereotype.Service;
@Scope("singleton")
@Service("loginService")
public interface LoginService {
    boolean IsLogin(String userName,String passWord);
}
```

LoginServiceImpl 的代码如下：

```
package com.test.service.impl;
import org.springframework.context.annotation.Scope;
import org.springframework.stereotype.Service;
import com.test.service.LoginService;
@Scope("singleton")
@Service("loginServiceImpl")
public class LoginServiceImpl implements LoginService{
    @Override
    public boolean IsLogin(String userName, String passWord) {
        System.out.println("LoginServiceImpl IsLogin invoked!");
        if(userName.equals("helloween") && passWord.equals("1234"))
            return true;
        return false;
    }}
```

(4) 修改 LoginAction 中的内容，代码如下：

```
packagecom.jsdz.action;
...
public class LoginAction extends ActionSupport {
    private String username;
    private String password;
    @Autowired
```

```
@ Qualifier("loginServiceImpl ")
private LoginService loginService ;
@ Override
public String execute() throws Exception {
System.out.println("LoginAction execute invoked!");
//if(username.equals("admin") && password.equals("1234") )
if(loginService.IsLogin(username, password))
{
System.out.println("user ok");
return SUCCESS;
}
else
{
System.out.println("user invalid");
return INPUT ;
}
}
public LoginService getLoginService() {
return loginService;
}
public void setLoginService(LoginService loginService) {
this.loginService = loginService;
}
...
}
```

(5)创建 applicationContext.xml,代码如下:

```
< ? xmlversion= "1.0"encoding= "UTF-8"? >
< beansxmlns= "http://www.springframework.org/schema/beans"
xmlns:xsi= "http://www.w3.org/2001/XMLSchema-instance"
xmlns:aop= "http://www.springframework.org/schema/aop"
xmlns:tx= "http://www.springframework.org/schema/tx"
xmlns:jdbc= "http://www.springframework.org/schema/jdbc"
xmlns:context= "http://www.springframework.org/schema/context"
xsi:schemaLocation= "
http://www.springframework.org/schema/context
  http://www.springframework.org/schema/context/spring-context-3.0.xsd
  http://www.springframework.org/schema/beans
  http://www.springframework.org/schema/beans/spring-beans-3.0.xsd
  http://www.springframework.org/schema/jdbc
```

```
            http://www.springframework.org/schema/jdbc/spring-jdbc-3.0.xsd
            http://www.springframework.org/schema/tx
            http://www.springframework.org/schema/tx/spring-tx-3.0.xsd
            http://www.springframework.org/schema/aop
            http://www.springframework.org/schema/aop/spring-aop-3.0.xsd">
            <!-- 通过这部分设置相应几类组件都自动装载注入,但依赖于代码上添加有
注解-->
            <context:component-scanbase-package="com.test">
            <context:include-filtertype="annotation"expression=
"org.springframework.stereotype.Controller"/>
            <context:include-filtertype="annotation"expression=
"org.springframework.stereotype.Service"/>
            <context:include-filtertype="annotation"expression=
"org.springframework.stereotype.Repository"/>
            </context:component-scan>
            </beans>
```

经过上述步骤,在浏览器中输入 http://localhost:8080/MMStest/login.jsp,与配置完成 Struts 2 后看到的登录跳转效果一样。

5.6.4 整合 MyBatis

(1) 复制相关的 Jar 包导入项目中,其中 mybatis-spring 这个包帮助 MyBatis 代码和 Spring 进行无缝整合。使用这个类库中的类,Spring 将会加载必要的 MyBatis 工厂和 Session 类。这个类库会提供一个简便的方式向 Service 层 Bean 中注入 MyBatis 的数据映射器。

(2) 安装 MyBatis Generator 插件。下载 MyBatis Generator 插件,将 features 和 plugins 复制到 MyEclipse 的安装跟目录中,重启 MyEclipse。创建 generatorConfig.xml,代码如下:

```
            <?xmlversion="1.0"encoding="UTF-8"?>
            <!DOCTYPEgeneratorConfigurationPUBLIC"-//mybatis.org//DTD MyBatis
Generator Configuration 1.0//EN""http://mybatis.org/dtd/mybatis-generator-config_1_0.dtd">
            <generatorConfiguration>
            <!-- 驱动程序(在 classpath 中已存在驱动的情况下不需要) -->
            <classPathEntrylocation="H:\ojdbc14.jar"/>
            <contextid="context1"targetRuntime="MyBatis3">
            <!-- 注释-->
            <commentGenerator>
```

```xml
    <propertyname= "suppressAllComments"value= "true"/>
    <propertyname= "suppressDate"value= "true"/>
  </commentGenerator>
  <!-- 数据库连接 -->
  <jdbcConnectiondriverClass= "oracle.jdbc.driver.OracleDriver"
    connectionURL= "jdbc:oracle:thin:@localhost:1521:orcl"
    userId= "test"
    password= "123"/>
  <!-- 允许数值类型转换成不同类型,否则都映射为 BigDecimal -->
  <javaTypeResolver>
    <propertyname= "forceBigDecimals"value= "false"/>
  </javaTypeResolver>
  <!-- 模型文件 -->
  <javaModelGeneratortargetPackage = " com.test.model" targetProject = "Struts2demo/src">
    <propertyname= "enableSubPackages"value= "false"/>
    <!-- 当为 true 时,产生的代码文件将按照 schema 产生子文件夹 -->
    <propertyname= "trimStrings"value= "true"/>
    <!-- set 变量时自动剔除空白 -->
  </javaModelGenerator>
  <!-- XML 映射文件 -->
  <sqlMapGeneratortargetPackage = " com.test.xml" targetProject = "Struts2demo/src">
    <propertyname= "enableSubPackages"value= "false"/>
  </sqlMapGenerator>
  <!-- DAO 文件(mapper 接口) -->
  <javaClientGeneratortargetPackage = " com.test.dao" targetProject = "Struts2demo/src"
    type= "XMLMAPPER">
    <propertyname= "enableSubPackages"value= "false"/>
  </javaClientGenerator>
  <!-- 数据库表 -->
  <tableschema= "test"tableName= "users"domainObjectName= "UserBean">
    <propertyname= "useActualColumnNames"value= "false"/>
  </table>
</context>
</generatorConfiguration>
```

在 generatorConfig.xml 上右键单击菜单,执行【Generate MyBatis/iBATIS Artifacts】项,会自动在 xml、model、dao 三个文件夹中生成映射文件,这样省去了数据库的配置过程。

(3) SQL 语句及 DAO 层、服务层的修改。上一步中通过 MyBatis Generator 插件生成了映射文件，xml 中涉及 SQL 语句，本实例中做一个简单的 SQL 查询，代码如下：

```xml
<?xml version="1.0" encoding="UTF-8"?>
<!DOCTYPE mapper PUBLIC "-//mybatis.org//DTD Mapper 3.0//EN" "http://mybatis.org/dtd/mybatis-3-mapper.dtd">
<mapper namespace="com.test.dao.UserBeanMapper">
  <resultMap id="BaseResultMap" type="com.test.model.UserBean">
    <result column="ID" property="id" jdbcType="DECIMAL"/>
    <result column="AGE" property="age" jdbcType="DECIMAL"/>
    <result column="NAME" property="name" jdbcType="VARCHAR"/>
  </resultMap>
  <select id="queryuser" resultMap="BaseResultMap" parameterType="com.test.model.UserBean">
    select NAME,AGE from TEST.USERS
  </select>
</mapper>
```

DAO 层代码相对简单，只需要注意方法名称与 SQL 语句中 id 相对应即可，如图 5.83 所示。具体的方法实现在服务层。

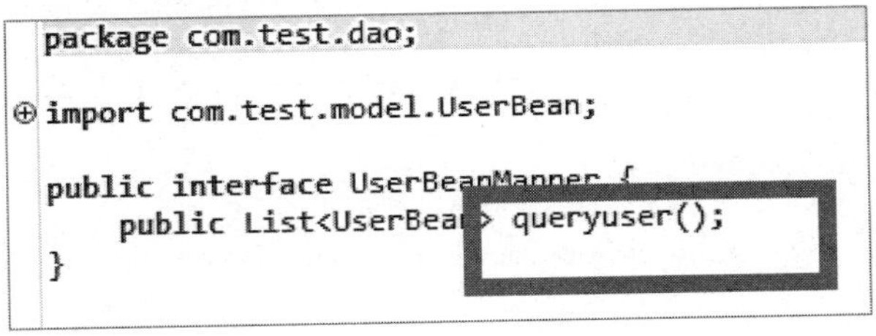

```java
package com.test.dao;
import com.test.model.UserBean;
public interface UserBeanMapper {
    public List<UserBean> queryuser();
}
```

图 5.83　DAO 层代码

(4) 修改 applicationContext.xml。在文件中加入数据库连接池以及定义全局的事物控制，创建 Bean 的工厂等，代码如下：

```xml
<!-- 定义数据源连接 -->
<bean id="dataSource" class="org.apache.commons.dbcp.BasicDataSource">
  <property name="driverClassName" value="oracle.jdbc.OracleDriver"/>
  <property name="url" value="jdbc:oracle:thin:@localhost:1521:orcl"/>
  <property name="username" value="test"/>
  <property name="password" value="123"/>
```

```
    <property name="maxActive" value="100"/>
    <property name="maxIdle" value="30"/>
    <property name="maxWait" value="500"/>
    <property name="defaultAutoCommit" value="true"/>
</bean>
<!-- 定义全局的事务控制 -->
<bean id="transactionManager"
class="org.springframework.jdbc.datasource.DataSourceTransactionManager">
    <property name="dataSource" ref="dataSource"/>
</bean>
<!-- 开启注解方式声明事务 -->
<tx:annotation-driven/>
<!-- 定义 SqlSessionFactory -->
<bean id="sqlSessionFactory" class="org.mybatis.spring.SqlSessionFactoryBean">
    <property name="dataSource" ref="dataSource"/>
    <property name="mapperLocations" value="classpath*:com/test/xml/*.xml"/>
    <property name="typeAliasesPackage" value="com.test.model"/>
</bean>
<!-- 自动扫描 mapper,允许自动注入(根据类型匹配),不需要逐个配置 mapper -->
<bean class="org.mybatis.spring.mapper.MapperScannerConfigurer">
    <property name="basePackage" value="com.test.dao"/>
</bean>
<bean id="userService" class="com.test.service.impl.UserServiceImpl">
    <property name="userBeanMapper" ref="userBeanMapper"/>
</bean>
</beans>
```

(5) 修改 Action。

需要在 Action 中注入服务层,调用相关方法并且实现相关业务逻辑,修改部分代码如下,采用 get() 和 set() 方法注入,并且最终通过输出 JSON 字符串来验证是否成功,如图 5.84 所示。

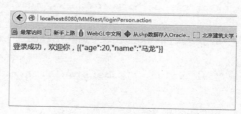

图 5.84 输出字符串

```java
    private UserService userService;
    public UserService getUserService() {
    returnuserService;
    }
    publicvoid setUserService(UserService userService) {
    this.userService = userService;
    }
    public String execute()
    {

    if(loginService.IsLogin(name, password))
    {
    List< UserBean> subwayList = userService.queryuser();
    Gson gson = new Gson();
    java.lang.reflect.Type type = new com.google.gson.
reflect.TypeToken< List< UserBean> >(){}.getType();
    String jsonStr = gson.toJson(subwayList, type);
    System.out.println("jsonStr= " + jsonStr);
    System.out.println("user ok");
    setName(jsonStr);
    returnSUCCESS;
    }
    else
    {
    System.out.println("user invalid");
    returnINPUT;
    }
    }
```

第6章 应用案例实战

§6.1 西城TOCC系统概述

近年来,随着交通建设发展的速度大大加快,城市交通管理方面的信息技术应用也越来越多。与美国、日本及欧洲相比,我国在智能交通系统方面的研究起步较晚,但是在智能交通管理方面已经开展了一系列研究和工程实施。特别是20世纪90年代以来,我国明显加快了对智能交通系统的研究步伐,也取得了显著的成效。目前交通信息化的方向主要是智能交通系统。

在城市化进程中,交通起着至关重要的作用。在这样的进程中,机动车数量和道路交通量急剧增加,尤其在大城市,因交通拥挤堵塞引起交通事故、环境污染等问题,是我国城市面临的"城市病"之一,已经成为我国国民经济进一步发展的瓶颈问题。随着经济和社会的不断发展,群众对政府的服务能力提出了更高的要求,要求政府以群众的需求为出发点,进行社会服务管理创新,实现科学管理规范运作,更要时刻坚持以人为本、为民服务,所以政府必须紧跟时代脚步,推动信息化建设,这有利于更好地突破时间和地域的局限。使群众在出行前了解和掌握最新的各类交通信息,实现便捷出行、绿色出行,是提升政府服务效率与效能,优化政务服务环境的基本要求。

本案例借助物联网智能感知、移动通信无线传输等最新科学技术,因地制宜,大胆创新,践行科学发展观,充分借鉴西城区原有信息化建设的科研成果,针对当前亟待解决的交通运行管理实际问题,研究适用于北京市西城区交通微循环的智能监控与服务技术,并在路侧停车监控与公众服务、交通流量监控与引导服务、公租自行车监管与服务等多个领域开展技术研究与应用示范,重点解决"城市交通运行监控中自动化、智能化水平不高,监管与服务效率相对较低"这个目前困扰城市交通运行管理的主要问题,并为区级交通运行监测调度中心(transportation operation coordination center,TOCC)的建设提供技术支持,达到投资少、见效快、成果显著的目的。研究将促进城市交通管理由数字化管理向智能化管理的转变,有助于西城区交通运行管理水平整体再上一个新台阶,进而提升我国在城市交通管理领域的国际竞争力,最终促进"智慧北京"和"世界城市"的建设。

本案例一方面符合《北京市"十二五"时期城市信息化及重大信息基础设施建

设规划》中"完善智能交通系统,构建国内领先的'车联网'的构想"的要求,另一方面符合区委区政府对西城区环境建设的总体规划和部署。有效地利用信息技术提升城市运行管理和应急管理水平,跟上快速发展变化的城市复杂巨系统是紧跟时代节拍、践行科学发展观、不断创新管理理念和管理模式的需要,也是全面提高交通管理水平的体现。

同时,本案例也是交通信息化、智能化管理创新的一次有效实践,可直接在北京市各区乃至其他旧城保护区进行推广应用。一方面是管理技术与模式的推广,另一方面是系统建设的推广,将为老城区交通微循环的信息监控提供可借鉴的示范模式。

§6.2 需求分析和可行性分析

6.2.1 需求分析

经过用户调研,业务需求分析总结如下:

1. 配合北京市 TOCC 对全市交通运行状况的监测、预测和预警等工作

北京市 TOCC 是对各种交通信息资源进行统一存储、统一维护、统一管理,并在更高层面对常态和应急状态下交通的某一方面或者多种交通运输方式交叉配合进行协调指挥的中枢机构,是以工作信息化为基础并最终服务于智能化交通运行协调指挥的必要手段。运行实践表明,北京市 TOCC 在市级范围内科学组织交通、提高道路通行能力、处置突发性事件、缓解交通拥堵,以及增强快速反应能力等方面发挥了重要的作用。随着北京市 TOCC 的业务扩展与深入,可以发现如果存在下级分支将更好地解决交通监控细节问题,更有利于进一步改善交通状况,所以在市政府支持下决定建设区级 TOCC。西城区 TOCC 就是北京市 TOCC 重要组成部分。

2. 获取更加准确的西城区交通监测信息以改善西城区交通微循环

西城区作为首都核心区域,同时也是老城区,胡同、小巷交错纷杂。许多胡同中公众乱停车或者随意堆放杂物的行为严重制约了交通通行能力,造成交通微循环无法顺畅而主干道路拥堵严重,疏导困难。虽然调研后对辖区内部分道路实施的机动车"单行单停"措施使得交通秩序状况有所改善,但这种静态治理的方式治标不治本,有必要通过技术手段动态掌握辖区实时交通流量信息,并通过准确的交通信息引导公众出行,从而改善西城区交通微循环,以保持道路最佳通行能力,缓解交通压力。

3. 利用物联网技术更加高效地获取交通信息

虽然交通信息化经历了从数字化到智慧化的过渡,但是当前的交通管理中仍然存在一个主要问题——自动化、智能化水平不高,监管与服务的效率相对较低。由于长久以来在交通管理中都是采用人工监管的方式,交通管理者把大量的时间投入到交通管理信息采集、问题查找和发现的过程中,而这些对于监管对象来说都是被动的监管方式。最终的结果是:尽管交通管理者尽心费力地进行各种巡查和监管,但由于缺少自动化、智能化的技术支持,并没有获取足够有用的监管信息;另外,由于监管上的人力、物力、财力投入大,以及个性化服务的成本较高,造成了与社会公众之间的沟通减少甚至严重缺失,长此以往,将形成蝴蝶效应,小问题将发展成社会问题。

4. 服务于首都核心区重大活动及重点区域城市综合保障

北京市每年都举行许多重大活动,如党的代表大会、人大及政协两会,这期间有众多代表及国内外媒体参加。北京市西城区作为国家行政机构及餐饮住宿密集区,会聚集众多参会代表及媒体记者。会议举办地等重点区域的交通运行状况,与所有人都密切相关,直接体现了首都核心区城市运行管理与服务的水平。在这些重大活动期间,要保证交通顺畅,以及更好地为活动顺利进行提供交通信息保障,可靠、准确的交通监测信息是必不可少的。

6.2.2 可行性分析

为配合北京市 TOCC 对全市交通运行状况的监测、预测和预警等工作,在调研西城区内交通数据资源和相关管理平台应用情况的基础上,推进相应区级 TOCC 的建设,筹建区级交通运行监测平台和规划各项核心业务;为进一步提升交通运行监测和管理的理念,加大预测、预警力度,充分借助物联网、数据挖掘、移动通信、虚拟仿真等新技术,围绕城市交通运行体征指标的建设,实现市、区两级平台数据共享与交换,开展具有区域特色的重点应用研究与实践,为市民便利出行提供有效信息服务,为领导决策和交通应急保障提供科学化支撑手段。

本案例通过 MyEclipse 环境开发 Java Web 应用,开发人员需要具备一定的 Java 编程技能和项目开发经验。由于 Java Web 本身的开放性及技术的愈加成熟,因此系统的开发在技术实现上是可行的。

§6.3 总体设计

6.3.1 设计目标

深化交通运行监测和管理的理念,加大预测、预警和应急响应力度,充分借助物联网、数据融合和挖掘、移动通信、三维建模、虚拟仿真等新技术,围绕城市交通运行体征指标的建设,实现市区级联动的综合运输协调指挥、决策支持以及交通信息服务,开展具有区域特色的重点应用研究与实践。软件方面建立 6 个业务子系统;硬件方面完成项目所需的系统服务器等的购置和集成部署工作;安全方面要保证项目能从物理安全、数据安全、网络安全、系统安全、安全管理等几方面综合考虑和设计建设;运维方面满足项目的建设内容、技术规范和标准、数据质检、设计使用文档、人员培训、技术支持和运行维护等多方面的建设需求。

6.3.2 设计原则

1. 高性能和稳定性原则

在系统设计、开发和应用时，应从系统结构、技术措施、软硬件平台、技术服务和维护响应能力等方面综合考虑，确保系统较高的性能。例如，在网络环境下，对空间图形的多用户并发操作要具有较高的稳定性和响应速度，综合考虑确保系统应用中最低的故障率，确保系统的良好运行。

2. 适用性和可操作性原则

系统的开发要"以人为本"，充分考虑西城区市政市容管理委员会各项业务职能的实际需要，贴近用户的需求与习惯做法，做到功能强大、界面友好和美观、操作简单、使用方便。既要满足地理信息系统应用和分析的需要，又要满足地图输出、专题图编制的需要，做到结构合理，内容充实，满足多用户需求。

系统功能界面简单明了，易于操作。数据采集、录入、图库管理应具有较强的灵活性，以适应需求的变化。

3. 安全性和保密性原则

保证网络环境下数据的安全，满足数据保密性要求，采取数据保护措施和建立备份机制。为了防止非授权用户的操作和授权用户的越权使用，系统应进行各种级别的权限控制，并具备身份验证功能，自动记录用户访问的情况和数据操作的过程，建立系统登录和数据操作日志，以备日后查询。

6.3.3 系统架构

西城区 TOCC 采用如图 6.1 所示的四层体系结构，包括基础设施层、数据资源层、业务应用层和集成表现层。

其中，基础设施层是最底层，是指系统的运行环境，具体包括：硬件（如存储设备、安全设备、主机设备、大屏幕等）、基础软件（操作系统、地理信息系统、数据管理系统等）和网络通信部分。数据资源层是指系统运行所需数据，包括：基础数据（地形、道路、交通设施等）、监测数据（西城区监测数据及获取的市级平台监测数据）、业务数据（系统各应用子系统的业务所需数据）、决策支持数据、政策法规和其他数据。业务应用层对应所有的应用子系统，系统的复杂性也主要体现在业务逻辑应用上，分为基础功能和特色功能，基础功能主要体现在：数据共享与交换模块和安全系统。特色功能主要体现在：数据汇总展示模块、停车诱导模块、公租自行车监测模块、路况信息监测模块、出租车管理模块、地铁客流监测模块。集成表现层将各业务模块进行了综合展示，通过西城区 TOCC 系统，分别针对区中心、市中心、其他部门，以及领导和公众提供不同的访问内容和功能服务。

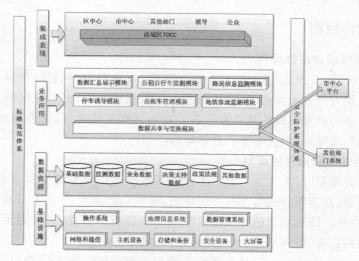

图 6.1　西城区 TOCC 系统架构

§6.4　系统功能设计

6.4.1　数据汇总展示模块

数据汇总展示模块界面,通过图表直观显示出地铁客流、西直门外地区停车场、西城区路况、公共自行车网点信息等数据,方便进行预警决策。

6.4.2　路况信息监测模块

为了更真实地反映西城区道路通行情况,重点解决道路拥堵严重、疏导困难的问题,通过在公交车和出租车上安装卫星定位设备的方式获取车辆速度信息,在此基础上建立道路交通流量(车速)监控与服务系统,接收从无线网络传输过来的公交车、出租车速度信息,并进行统计分析,获取实时的交通流量情况;同时,结合西城区道路交通特点,借助数据挖掘、空间分析、模拟仿真等技术手段,建立道路拥堵预警预报模型,通过该模块整合各种发布渠道,以网站(微博)、手机交互式彩信、户外信息屏展示等多种模式进行交通流量信息发布,引导公众出行,以保持道路最佳通行能力,缓解交通压力。具体需要实现以下建设目标:

(1)卫星定位数据传输与接收技术。
(2)多种渠道信息发布整合技术。
(3)动态交通流量预警预报模型的建立。

(4)道路交通流量(车速)监控与服务系统研发。

(5)选择交通流量大的西直门外等区域,开展系统应用示范需求分析。

路况信息监测模块功能设计如图 6.2 所示。

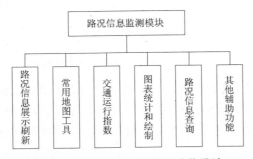

图 6.2 路况信息监测模块功能设计

6.4.3 停车诱导模块

通过停车诱导模块实现对城市交通中路侧停车管理的智能化,规范停车秩序和停车手续,以科学的手段采用信息化的方式智能管理路侧停车事件,以高效的手段、科学的服务态度方便人们出行。具体功能设计如图 6.3 所示。

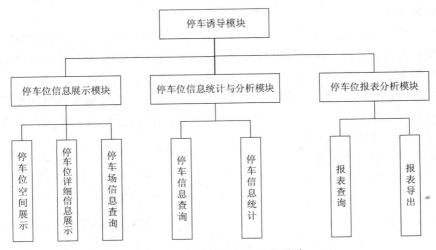

图 6.3 停车诱导模块功能设计

6.4.4 公租自行车监测模块

在设计本模块时,应完成以下几个目标:公租自行车租赁信息的实时展示与查询,公租自行车服务站点及服务信息的实时展示与查询,公租自行车用户信息查询,公租自行车相关统计数据的展示与查询。功能设计如图 6.4 所示。

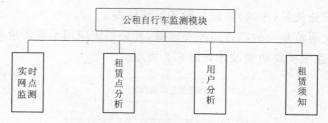

图 6.4 公租自行车监测模块功能设计

(1)基本功能模块:租赁点在地图上的全局分布及查询,租赁点车位占用状况实时查询显示,公租自行车租赁相关须知(如计费须知、服务中心服务时间等)。

(2)扩展功能模块:区租赁点当日实时借还次数曲线图;区租赁点日、月、季、年车辆借还次数统计分析,图表展示;西城区内每对借还租赁点的使用次数统计分析;月、季、年用户平均使用次数统计;每月使用次数超过固定阀值的用户个数统计。

6.4.5 出租车管理模块

本模块的建设目标主要是实现对西城区出租车及其相关内容资料(车辆信息变更、车主变更、出租车轨迹等)的管理,通过对基本信息的管理和维护,以及出租车地理位置的分析,最终实现依托信息化技术手段为政府部门决策进行服务的目的。具体功能包括:

(1)出租车轨迹分析:可视化展示当前时间一辆出租车的定位,可视化展示某一时刻所有出租车的位置。将出租车的轨迹在地图中可视化,通过分析轨迹特征,优化出租车业务,使出租车能够合理安排行程。

(2)出租车点位分析:按不同方式(日、月、年)统计单个出租车的车辆里程,统计当日所有出租车车辆里程和行驶时间,进行图表可视化展示,供使用方参考,便于出租车的合理调度和辅助领导决策。

功能设计如图 6.5 所示。

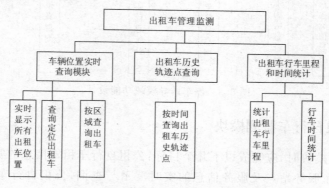

图 6.5 出租车管理模块功能设计

6.4.6 地铁客流监测模块

地铁客流监测模块具体功能如下：

(1)地铁客流信息实时展示：将实时地铁客流数据录入数据库中。

(2)地铁客流信息可视化：将上述数据可视化展示到西城区地图底图上，便于查看。

(3)地铁客流信息统计：可以按照客户需求将地铁客流信息以图表方式展现。

6.4.7 数据共享与交换模块

数据共享与交换模块拟采用 Web 服务的方式获取或提供相关监测数据。主要是通过 Web Service 来完成与市 TOCC 的数据传输。

§6.5 数据结构设计

6.5.1 路况信息监测模块

路况信息监测模块表结构设计如表 6.1 所示。

表 6.1 路况信息监测模块表结构设计

字段	数据类型	可否为空	说明
RoadID	Char(10)	否	路段 ID
RoadName	Char(50)	否	路段名称
RoadLength	Char(10)	否	路段长度
Start_Time	Date	否	开始时间
End_Time	Date	否	结束时间
CarNumber	Int	否	车流量数
AverageSpeed	Char(10)	否	平均速度
Start_CoordX	Double	否	路段始位置(X 坐标)
Start_CoordY	Double	否	路段始位置(Y 坐标)
End_CoordX	Double	否	路段止位置(X 坐标)
End_CoordY	Double	否	路段止位置(Y 坐标)

6.5.2 停车诱导模块

停车诱导模块的数据表结构设计如表 6.2 所示。

表 6.2 停车诱导模块的数据表结构设计

字段	数据类型	可否为空	说明
RrcordNum	String	否	备案号
Name	String	是	停车场名称
Address	String	是	停车场地址
Department	String	是	经营单位
carNum	Double	否	车位数
carNumUp	Double	否	地上车位
JiXieUp	Double	否	地上机械
NotJiXieUp	Double	否	地上非机械
carNumDown	Double	否	地下车位
JiXieDown	Double	否	地下机械
NotJiXieDown	Double	否	地下非机械
carType	String	否	停车场类型

停车诱导模块的动态数据表结构设计如表 6.3 所示。

表 6.3 停车诱导模块的动态数据表结构设计

字段	数据类型	可否为空	说明
ID	Char(10)	否	停车场 ID
FULLNAME	Bool	否	停车场全名
ABBRNAME	Date	是	停车场简称
TYPE	Date	是	类型
SPACE	Date	是	停车场总车位数
OFFSET	Bool	是	车位修正数
INNUM	Char(10)	否	进入流量
OUTNUM	Char(50)	否	驶出流量
LEFTSPACE	Double	否	空余车位数

6.5.3 公租自行车监测模块

公租自行车监测模块表结构设计如表 6.4～表 6.9 所示。

表 6.4 租赁点信息表结构设计

字段	数据类型	可否为空	说明
Rental_ID	Char(10)	否	租赁点编号
Rental_CoordX	Double	否	租赁点 X 坐标
Rental_CoordY	Double	否	租赁点 Y 坐标
Rental_Name	Char(50)	否	租赁点名称
Rental_Description	Char(50)	否	租赁点描述

表 6.5 维修站信息表结构设计

字段	数据类型	可否为空	说明
RepSta_ID	Char(10)	否	维修站编号
RepSta_CoordX	Double	否	维修站 X 坐标
RepSta_CoordY	Double	否	维修站 Y 坐标
RepSta_Name	Char(50)	否	维修站名称
RepSta_Opening	DateTime	否	维修站营业时间
RepSta_Description	Char(50)	否	维修站描述

表 6.6 办卡中心信息表结构设计

字段	数据类型	可否为空	说明
ServiceCenter_ID	Char(10)	否	中心编号
ServiceCenter _CoordX	Double	否	中心 X 坐标
ServiceCenter _CoordY	Double	否	中心 Y 坐标
ServiceCenter _Name	Char(50)	否	中心名称
ServiceCenter _Opening	DateTime	否	中心营业时间
ServiceCenter _Description	Char(50)	否	中心描述

表 6.7 区一卡通充值点信息表结构设计

字段	数据类型	可否为空	说明
CardRecharge_ID	Char(10)	否	充值点编号
CardRecharge_CoordX	Double	否	充值点 X 坐标
CardRecharge _CoordY	Double	否	充值点 Y 坐标
CardRecharge _Name	Char(50)	否	充值点名称

续表

字段	数据类型	可否为空	说明
CardRecharge _Opening	DateTime	否	充值点营业时间
CardRecharge _Description	Char(50)	否	充值点描述

表 6.8　区调配车辆信息表结构设计

字段	数据类型	可否为空	说明
Truck_ID	Char(10)	否	车辆 ID
Truck_PhoneNo	Char(20)	否	调配车联系电话
Truck _Description	Char(50)	是	描述信息

表 6.9　公共自行车租借刷卡记录表结构设计

字段	数据类型	可否为空	说明
Record_ID	Char(10)	否	记录 ID
Card_ID	Char(10)	否	借车卡 ID
Bicycle_ID	Char(10)	否	自行车编号
Bicycle_Status	Int	否	自行车状态

6.5.4　出租车管理模块

出租车管理模块表结构设计如表 6.10 所示。

表 6.10　出租车管理模块表结构设计

字段	数据类型	可否为空	说明
NAMESTY	Char(50)	否	出租车类型
GPSNUMBER	Char(50)	否	卫星定位设备编号
GPSTIME	Date	否	数据接收时间
LATITUDE	Char(50)	否	纬度
LONGITUDE	Char(50)	否	经度
SPEED	Char(50)	否	速度
ANGLE	Char(50)	否	方向角
PKNUMBER	Char(50)	否	车牌号

续表

字段	数据类型	可否为空	说明
POSITIONSTATUS	Char(50)	否	定位状态
PKSTATUS	Char(50)	否	车辆状态

6.5.5 地铁客流监测模块

地铁客流监测模块表结构设计如表 6.11 所示。

表 6.11 地铁客流监测模块表结构设计

字段	数据类型	可否为空	说明
LINECODE	Char(50)	否	线路 ID
LINENAME	Char(50)	否	线路名称
STATIONCODE	Char(50)	否	站点 ID
STATIONNAME	Char(50)	否	站点名称
CREATED	Date	否	创建时间
ENDTIME	Date	否	结束时间
LOCATIONNUMBER	Char(50)	否	站点编号
TOTALENTERCOUNT	Char(50)	否	入流量
TOTALEXITCOUNT	Char(50)	否	出流量

§6.6 系统实现

6.6.1 项目结构

在 MyEclipse 中建立项目,项目结构如图 6.6 所示。后台服务相关代码写在 com.tocc 包中,前端展示的相关页面代码以"相应的模块名称"+".html"的命名方式存放在 WebRoot 目录下,同时也包括引用的 JS 文件等。

6.6.2 首页模块

1. 实现效果

通过本页面将各个模块需要展示的数据统一地通过图表进行汇总展示,通过网站链接单击首页后,系统会从后台数据库中读取数据,通过 ECharts 插件进行图表渲染并绘制相应的折线图、柱状图、饼图等。实现效果如图 6.7 所示。

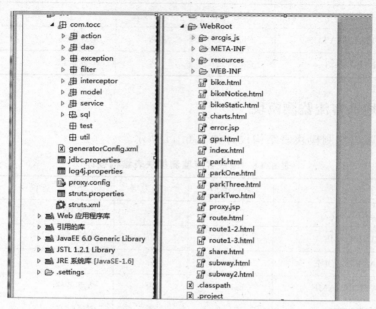

图 6.6　TOCC 项目结构

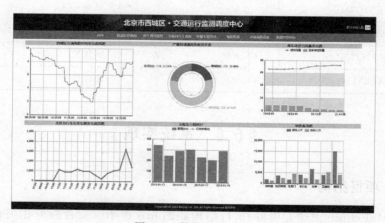

图 6.7　数据汇总展示

2. 核心代码

(1)前端页面布局,代码如下：

```
< divstyle= "width:95% ;height:50% ;margin-left:50px;margin-right:
auto;" align= "center">
  < divid= "div1"style= "width:32% ;height:100% ;float:left; ">
  < hi>西城区交通指数时间变化曲线图< /hi>
```

```
< divid= "chart1"style= "height:95%" > < /div>
< /div>
< divid= "div2"style= "width:32% ;height:100% ; float:left; ">
< hi> 严重拥堵道路条数饼状图< /hi>
< divid= "chart2"style= "height:95%" > < /div>
< /div>
< divid= "div3"style= "width:33% ;height:100% ; float:left; ">
< hi> 停车场进出流量变化图< /hi>
< divid= "chart3"style= "height:95%" > < /div>
< /div>
< /div>
< divstyle= "width:95% ; height:45% ;margin-left:50px;margin-right: auto;" align= "center">
< divid= "div4"style= "width:32% ;height:100% ; float:left; ">
< hi> 全区自行车在驾车辆变化曲线图< /hi>
< divid= "chart4"style= "height:95%" > < /div>
< /div>
< divid= "div5"style= "width:32% ; height:100% ;float:left; ">
< hi> 出租车行程统计< /hi>
< divid= "chart5"style= "height:95%" > < /div>
< /div>
< divid= "div6"style= "width:33% ; height:100% ;float:left; ">
< hi> 地铁客流图< /hi>
< divid= "chart6"style= "height:95%" > < /div>
< /div>
< /div>
```

(2)图表生成函数,代码如下：

```
function tb5()
{
var myChart5= echarts.init(document.getElementById('chart5'));
var gps= 13311453278;
var time1= "2015-01-08";
var time2= "2015-01-19";
// 基于准备好的 DOM,初始化 ECharts 图
var categories= [];
var values1= [];
var values2= [];
$.ajaxSettings.async= false;$.getJSON("Gps_sumhistory? callback= ?",{gpsnumber:gps,t1:time1,t2:time2,},function(data)//Gps_sumhistory? callback= ?
```

```
    {
      $.each(data, function(i,Obj){
categories.push(Obj.gpstime);
values1.push(Obj.runlength);
values2.push(Obj.sumtime);
});
var option = {
                tooltip: { show:true },
                legend:{data:['里程(km)','行车时间(h)'
]},
                xAxis:[
                    {type:'category',data: categories}
                ],
                yAxis:[
                    {type:'value'}
                ],
                series:[
                    { name:'里程(km)',type:'bar',data:values1
                    },
{
                     name:'行车时间(h)', type:'line',data:
values2
                    }
                ]
            };
    myChart5.setOption(option);
```

6.6.3 路况信息查询模块

1. 实现效果

（1）显示西城区拥堵路段播报，实现路况信息的刷新，在页面地图区域展示实时路况信息，如图6.8所示。

图6.8 西城区路况信息

(2)显示热点区域:市区路网、市域路网、中关村和望京等地区,以及具体道路路况信息的实时路况查询,该部分功能是通过访问外部连接得到,如图 6.9 所示。

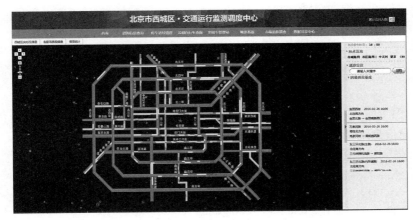

图 6.9　市交通路况信息

(3)根据一定的公式计算交通运行指数,进行图表统计和绘制,实现西城区路网实时统计,包括:更新时间、拥堵等级、平均速度;绘制交通指数时间变化曲线图、严重拥堵道路条数饼状图,以及道路平均行驶速度柱状分布图。红色代表拥堵路段,黄色代表缓行路段,绿色代表畅通路段。路况信息统计页面如图 6.10 所示。

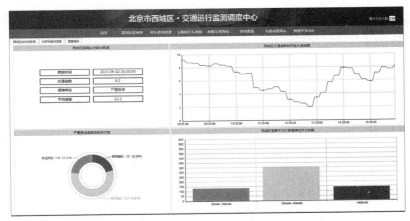

图 6.10　路况信息统计页面

2. 核心代码

(1)HTML 布局。

西城区路况信息页面布局代码如下:

```
< divclass= "easyui-layout "style= "width:100% ;height:100% ">
< divdata-options= "region:'west',split:true,collapsible:true,"
    class= "textCenter"
style= "width:280px;padding:2px;"
title= "西城区拥堵路段播报">
< divstyle= "height:100% ;">
< marqueeid= "xclkbb"style= "height:100% ;width:100% ;" scrollamount=
"3"direction= "up"behaviour= "scroll"aligh= "top">
< /marquee>
< /div>
```

路况信息统计页面代码如下：

```
< scripttype= "text/javascript">
$ (function(){
    ck3();//获取屏幕尺寸,将获取像素值赋给页面元素
    tb1();//左上角表格获取 JSON 数据并显示
    tb2();//右上角图表获取 JSON 数据并生成线状图
    tb3();//下部分两个图表获取 JSON 数据,并生成饼状图和柱状图
    setInterval(tb1,1000* 60* 5);//四个图表每隔 30s 重新获取一次 JSON
数据
    setInterval(tb2,1000* 60* 5);
    setInterval(tb3,1000* 60* 5);
});

functionck3(){
varx1 = screen.availWidth;
vary1 = screen.availHeight;
varx = x1* 0.9821;
vary = y1* 0.7255;
        a= document.getElementById('zong3');
        a.style.width= x+ "px";
        a.style.height= y+ "px";
        a.style.left= (x1- x)/2+ "px";
        zsj= document.getElementById('zs');
        zxj= document.getElementById('zx');
        ysj= document.getElementById('ys');
        yxj= document.getElementById('yx');
        zsj.style.width= (x* 0.4- 4)+ "px";
        zsj.style.height= (y* 0.5- 4)+ "px";
        ysj.style.width= (x* 0.6- 4)+ "px";
        ysj.style.height= (y* 0.5- 4)+ "px";
```

```javascript
        zxj.style.width=(x*0.4-4)+"px";
        zxj.style.height=(y*0.5-4)+"px";
        zxj.style.top=(y*0.5)+"px";
        yxj.style.width=(x*0.6-4)+"px";
        yxj.style.height=(y*0.5-4)+"px";
        yxj.style.top=(y*0.5)+"px";
        tbk2=document.getElementById('main2');
        tbk2.style.left=((x*0.6)*0.05/2)+"px";
        tbk2.style.width=((x*0.6-4)*0.95)+"px";
        tbk2.style.height=((y*0.5)*0.9)+"px";
        tbk3=document.getElementById('main3');
        tbk3.style.left=((x*0.4)*0.05/2)+"px";
        tbk3.style.width=((x*0.4-4)*0.95)+"px";
        tbk3.style.height=((y*0.5)*0.9)+"px";
        tbk4=document.getElementById('main4');
        tbk4.style.left=((x*0.6)*0.05/2)+"px";
        tbk4.style.width=((x*0.6-4)*0.95)+"px";
        tbk4.style.height=((y*0.5)*0.9)+"px";
    };

    functiontb1(){
    $(function(){
        tb1_1();//清空左上角表格内容
        tb1_2();//获取 JSON 数据并插入表格
    });
    functiontb1_1(){
        $("# jtzs").html("");
        $("# yddj").html("");
        $("# gxsj").html("");
        $("# pjsd").html("");
    };
    functiontb1_2(){
    $.getJSON(" CongestionInfo _ GetCongestionInfolist? callback = ?",
function(data){
            $.each(data,function(i,field){
                $("# jtzs").append(field.congestionIndex);
                $("# yddj").append(field.congestionLevel);
                $("# gxsj").append(field.calculateTime);
                $("# pjsd").append(field.averageSpeed);
            });
        });
```

```
          };
      };
      </script>
      <div id="zong3">
      <div id="zs" class="tzg">
      <div class="hi">西城区路网实时统计数据</div>
      <div style="position:relative;margin:auto auto;width:95%;height:90%;">
      <p style="left:15%;top:20%;">更新时间</p>
      <p id="gxsj" style="right:15%;top:20%;color:#1E90FF;"></p><br/>
      <p style="left:15%;top:32%;">交通指数</p>
      <p id="jtzs" style="right:15%;top:32%;color:#1E90FF;"></p><br/>
      <p style="left:15%;top:44%;">拥堵等级</p>
      <p id="yddj" style="right:15%;top:44%;color:#1E90FF;"></p><br/>
      <p style="left:15%;top:56%;">平均速度</p>
      <p id="pjsd" style="right:15%;top:56%;color:#1E90FF;"></p><br/>
      </div>
      </div>
      <div id="ys" class="tzg">
      <div class="hi">西城区交通指数时间变化曲线图</div>
      <div id="main2" class="tb"></div>
      </div>
      <div id="zx" class="tzg">
      <div class="hi">严重拥堵道路条数饼状图</div>
      <div id="main3" class="tb"></div>
      </div>
      <div id="yx" class="tzg">
      <div class="hi">西城区道路平均行驶速度柱状分布图</div>
      <div id="main4" class="tb"></div>
      </div>
```

(2)加载地图,代码如下:

```
function int(){
map = new esri.Map("map", {
logo : false,
});
var baseMap = new esri.layers.ArcGISTiledMapServiceLayer (url+
"ArcGIS/rest/services/tocc/baseMap/MapServer");
        map.addLayer(baseMap);
var infoTemplate = new esri.InfoTemplate("${ROUTENAME}","<b>道路名称:
```

```
</b>$ {ROUTENAME}<br><b>拥堵等级:</b>$ {TJAMLEVEL}");
    var lkxx = new esri.layers.FeatureLayer(url+ "ArcGIS/rest/services/
tocc/xcroutesnew/MapServer" + "/0",{
        mode: esri.layers.FeatureLayer.MODE_ONDEMAND,
                outFields:["ROUTENAME","TJAMLEVEL"],
                infoTemplate: infoTemplate
                });
            map.addLayer(lkxx);
    vars = new esri.dijit.Search({
            enableButtonMode:true,
            enableInfoWindow:true,
            showInfoWindowOnSelect:true,
            map: map
        },"search");
    var sources = s.get("sources");
            sources = [{
                featureLayer:new esri.layers.FeatureLayer(url+
"ArcGIS/rest/services/tocc/xcroutesnew/MapServer/0"),
                searchFields:["ROUTENAME"],
                displayField:"ROUTENAME",
                exactMatch:false,
                outFields:["ROUTENAME", "ID", "TJAMLEVEL"],
                name:"路况信息",
                placeholder:"请输入街道名称:如西直门外大街",
                enableButtonMode:true,
                minCharacters: 0
            }];
        s.startup();
        }
```

6.6.4 停车诱导管理模块

1. 实现效果

(1)实时滚动播报停车场信息;单击鼠标实现停车场详细位置的查询定位、实现单个车位的属性信息查询;展示停车场列表,展示三级诱导屏的地理位置。效果如图 6.11 所示。

(2)实现四种停车场的地理位置展示,显示总车位;实现定位,并弹出属性信息表;通过关键字查询停车场,实现模糊查询;区域查询停车场,显示所选区域内停车场信息并高亮显示。效果如图 6.12 所示。

(3)选择四种停车场类型,按照年、月统计,分别显示在车流量信息统计表和占用率信息统计图中;查看单个停车场历史统计,进行弹窗显示。效果如图 6.13 所示。

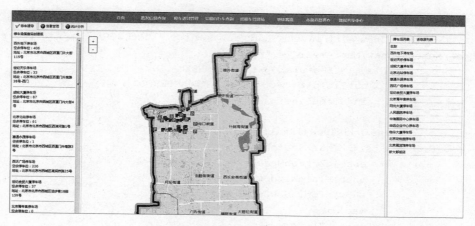

图 6.11 滚动播报及停车场定位

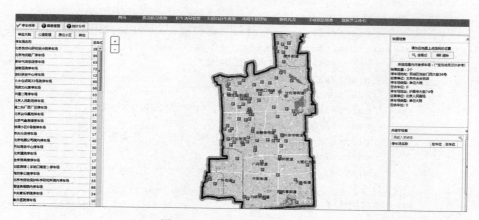

图 6.12 区域查询和模糊查询

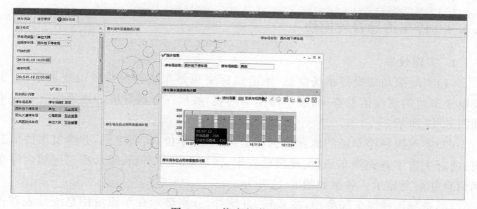

图 6.13 停车场信息统计

2. 核心代码

(1) 滚动播报代码如下：

```
<ulid="broadcasting"style="height:80%;"></ul>
$.getJSON("Park_GetparktimeInfo?callback=?",function(data){
        $.each(data,function(i,field){
            $("#broadcasting").append("<li class='parkList'>
<p><span class='fullname'>"+field.fullname+"</span><br>空余停
车位:<span class='leftspace'>"+
field.leftspace+"</span><br>地址:<span class='address'>"+
field.address+"</span></p></li>");
        });
    });
```

(2) 停车场定位代码如下：

```
onClickRow:function(row){
  searchValue=row.leiid;
  var Str="<br>";
    $.getJSON("ParkSCR_GetParkSCR1list1?callback=?",{leiid:search-
Value},function(data){
        $.each(data,function(i,field){
            Str+="<div style='position:relative;'><img src=
'./resources/img/"+field.id+".png'><div style='position:absolute;
z-index:10;left:110px;top:12px'><span style='font-size:25px;color:#
FF9900'>"+field.num+"</span></div></div>"
        });
    var template = new esri.InfoTemplate("详情","屏号:${屏号}<br>屏
类别:${屏类别}<br>安装位置:${安装位置}<br>屏数量:${屏数量}"+Str);
    sources1 = [{
      featureLayer: new esri.layers.FeatureLayer(url1),
      searchFields:["屏号"],
      exactMatch: false,
      outFields:["屏号","屏类别","安装位置","屏数量","显示内容"],
      infoTemplate: template,
      enableButtonMode: true,
      minCharacters: 0
    }];
    s1.set("sources", sources1);
        s1.search(searchValue);
        });

}
```

（3）模糊查询 SQL 语句如下：

```
< selectid= "querygjpjList1"parameterType= "com.tocc.model.DwdyBean"resultMap= "BaseResultMap">
    select * FROM xctocc.GJPJ where "停车场名称" like '% $ {停车场名称}%'
< /select>
```

（4）区域查询 JS 代码如下：

```
function areasearch()
    {
    drawToolbar = new esri.toolbars.Draw(mapT);
    GraphicDrawLayer.clear();
        dojo.byId("inextent").innerHTML= null;
// 必须新定义一个
        dojo.connect(drawToolbar,"onDrawEnd", findPointsInExtent);
        drawToolbar.activate(esri.toolbars.Draw.POINT);
    }
function findPointsInExtent(extent)
{ GraphicDrawLayer.clear();
var results = [];
var symbol = new esri.symbol.SimpleMarkerSymbol(esri.symbol.SimpleMarkerSymbol.STYLE_SQUARE, 5, new esri.symbol.SimpleLineSymbol(esri.symbol.SimpleLineSymbol.STYLE_SOLID, new dojo.Color([255,0,0]), 1), new dojo.Color([0,255,0,0.25]));
    var graphic = new esri.Graphic(extent, symbol);
    GraphicDrawLayer.add(graphic);
    var circleGeometry = new esri.geometry.Circle (extent, {"radius":450});
    var sfs = new esri.symbol.SimpleFillSymbol(esri.symbol.SimpleFillSymbol.STYLE_SOLID,new esri.symbol.SimpleLineSymbol(esri.symbol.SimpleLineSymbol.STYLE_DASHDOT,new esri.Color([255,0,0]), 2),new esri.Color([255,255,0,0.25]));
    var graphic = new esri.Graphic(circleGeometry, sfs);
        GraphicDrawLayer.add(graphic);
    var url = './resources/img/gifMark.gif';
    var highlightSymbol = new esri.symbol.PictureMarkerSymbol(url,24,24);
    //对 map 的 GraphicsLayer 的元素进行遍历,把包含在 extent 的元素进行高亮显示,同时把元素的属性值放到 results 数组中
    for(var i= 0;i< graphics1.length;i++ )
        {
    var graheight= graphics1[i];
```

```
if(circleGeometry.contains(graheight.geometry))
            {
               graheight.setSymbol(highlightSymbol);
   //getContent()返回以 InfoTemplate 为模板的属性值
               results.push(graheight.getContent());
               GraphicDrawLayer.add(graheight);
            }
         }
   //显示查询到的结果个数
              dojo.byId("inextent").innerHTML =  "结果数量："+
results.length+ "个";
   //输出查询到的结果列表
              dojo.byId("results").innerHTML =  "< table style=
'width:600px;'> " + results.join("") + "< /table> ";
         }
   function qxsearch()
       {
         drawToolbar.deactivate();
          GraphicDrawLayer.clear();
          dojo.byId("results").innerHTML= null;
          dojo.byId("inextent").innerHTML= null;
       }
```

6.6.5 公租自行车监测模块

1. 实现效果

(1)用户可以查询西城区所有的站点并进行定位,查看租赁点在地图上的全局分布,如图 6.14 和图 6.15 所示。

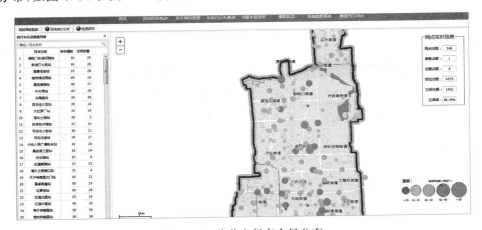

图 6.14 公共自行车全局分布

图 6.15 公租自行车地图显示

(2)历史车辆数量信息统计:单击日期、网点进行单个站点或全区的统计查询。网点车辆借还信息统计:选择日期起始时间和终止时间进行单个网点或全区的查询,包括借出次数和归还次数,以及骑入本区和骑出本区的车辆数量,如图 6.16 所示。

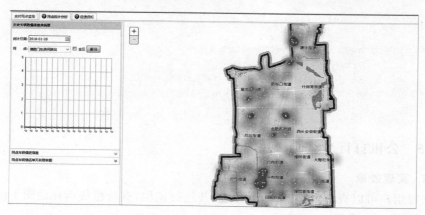

图 6.16 公租自行车统计功能

(3)租赁须知。显示公租自行车租赁相关须知,如计费须知、服务中心服务时间等,如图 6.17 所示。

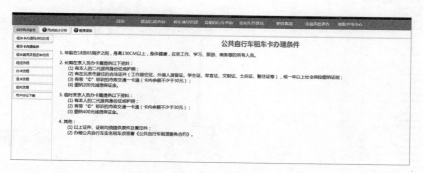

图 6.17 公租自行车租赁须知

2. 核心代码

(1) 热点图渲染,代码如下:

```
function showInMap(value){
//alert(value);
var queryTask = new esri.tasks.QueryTask(bike_sitesLayer + "/0");
var query = new esri.tasks.Query();
query.returnGeometry = true;
query.outFields= ["SITENAME","LOCATION"];
query.where = "SITENAME = '" + value + "'";
queryTask.execute(query,onRes);//,function(err){alert("")}
}

function onRes(result){
// MyMap.graphics.clear();
    if(0 < rate && rate<= 1){
var symbol = new esri.symbol.SimpleMarkerSymbol(esri.
symbol.SimpleMarkerSymbol.STYLE_CIRCLE,20,new esri.symbol.
SimpleLineSymbol (esri.symbol.SimpleLineSymbol.STYLE _ NULL, new dojo.Color
([255, 0, 0]), 15 ),new dojo.Color([255,0,0,0.2]));
    }
    else if(rate > 1 && rate < = 2 ){
var symbol = new esri.symbol.SimpleMarkerSymbol(esri.
    symbol.SimpleMarkerSymbol.STYLE_CIRCLE,20,new esri.symbol.
SimpleLineSymbol (esri.symbol.SimpleLineSymbol.STYLE _ NULL, new dojo.Color
([255, 0, 0]), 15 ),new dojo.Color([255,0,0,0.4]));
    }
    else if(rate > 2 && rate < = 3){
var symbol = new esri.symbol.SimpleMarkerSymbol(esri.
symbol.SimpleMarkerSymbol.STYLE_CIRCLE,20,new esri.symbol.
SimpleLineSymbol (esri.symbol.SimpleLineSymbol.STYLE _ NULL, new  dojo.Color
([255, 0, 0]), 15 ),new dojo.Color([255,0,0,0.6]));
        }
    else if(rate > 3 && rate < = 4){
var symbol = new esri.symbol.SimpleMarkerSymbol(esri.
symbol.SimpleMarkerSymbol.STYLE_CIRCLE,20,new esri.symbol.
SimpleLineSymbol (esri.symbol.SimpleLineSymbol.STYLE _ NULL, new  dojo.Color
([255, 0, 0]), 15 ),new dojo.Color([255,0,0,0.8]));
        }
    else if(rate > 4 && rate < = 200){
    var symbol = new esri.symbol.SimpleMarkerSymbol(esri.
```

```
        symbol.SimpleMarkerSymbol.STYLE_CIRCLE,20,new esri.symbol.
SimpleLineSymbol(esri.symbol.SimpleLineSymbol.STYLE_NULL,new
dojo.Color([255,0,0]),15),new dojo.Color([255,0,0,1]));
    }
// var url = 'location.png';
// var symbol = new esri.symbol.PictureMarkerSymbol(url,48,48);
        var graphic = result.features[0];
        graphic.setSymbol(symbol);
MyMapDiv2.graphics.add(graphic);
    MyMapDiv2.removeLayer(basemapDiv2bikeSite);
}
```

(2)SQL 查询语句,代码如下:

```
    <selectid="inList"resultMap="BaseResultMap"parameterType=
"com.tocc.model.BikeTradeBean">
    select count(*) innum from (SELECT substr(lendsiteid,1,4)
    xicheng FROM bike.bike_card_trade_list where to_date(to_char(lend-
time,'yyyy-mm-dd hh24:mi:ss'),'yyyy-mm-dd hh24:mi:ss') BETWEEN to_date
('${starttime} 05:59:59','yyyy-mm-dd hh24:mi:ss') and to_date ('${end-
time} 23:59:59','yyyy-mm-dd hh24:mi:ss')) where xicheng! = '0102'
    </select>
    <selectid="outList"resultMap="BaseResultMap"parameterType=
"com.tocc.model.BikeTradeBean">
    select count(*) outnum from (SELECT substr(backsiteid,1,4) xicheng
FROM bike.bike_card_trade_list where to_date(to_char(lendtime,'yyyy-mm-
dd hh24:mi:ss'),'yyyy-mm-dd hh24:mi:ss') BETWEEN to_date ('${starttime}
05:59:59','yyyy-mm-dd hh24:mi:ss') and to_date ('${endtime} 23:59:59',
'yyyy-mm-dd hh24:mi:ss')) where xicheng! = '0102'
    </select>
    <selectid="lendList"resultMap="BaseResultMap"parameterType=
"com.tocc.model.BikeTradeBean">
    select count (*) lendnum from (select b.sitename,a.lendtime from
bike.bike_card_trade_list a,bike.bike_sites b where b.siteid =
a.lendsiteid)where sitename = '${lendname}' and to_date(to_char(lend-
time,'yyyy-mm-dd hh24:mi:ss'),'yyyy-mm-dd hh24:mi:ss')between to_date
('${starttime} 05:59:59','yyyy-mm-dd hh24:mi:ss')and to_date ('${end-
time} 23:59:59','yyyy-mm-dd hh24:mi:ss')
    </select>
    <selectid="backList"resultMap="BaseResultMap"parameterType=
"com.tocc.model.BikeTradeBean">
```

```
    select count (*) backnum from (select b.sitename, a.backtime from
bike.bike_card_trade_list a,bike.bike_sites b where b.siteid = a.backsiteid)
where sitename = '${backname}' and to_date(to_char(backtime,'yyyy-mm-dd
hh24:mi:ss'),'yyyy-mm-dd hh24:mi:ss') between to_date ('${starttime} 05:
59:59','yyyy-mm-dd hh24:mi:ss')and to_date ('${endtime} 23:59:59','yyyy-
mm-dd hh24:mi:ss')
    </select>
    < selectid = "rate" resultMap = "BaseResultMap" parameterType = "
com.tocc.model.BikeTradeBean">
              select round(sum(back)/4975,3) rate from (select count (*)
back from (SELECT substr(backsiteid,1,4) backnum FROM bike.bike_card_
trade_list where to_date(to_char(lendtime,'yyyy-mm-dd hh24:mi:ss'),'
yyyy-mm-dd hh24:mi:ss') BETWEEN to_date ('${datetime} 05:59:59','yyyy-mm-
dd hh24:mi:ss')and to_date ('${datetime} 23:59:59','yyyy-mm-dd hh24:mi:
ss'))where backnum is null or backnum= '0102' union all selectcount (*)
lend from (SELECT substr(lendsiteid,1,4) lendnum FROM bike.bike_card_
trade_list where to_date(to_char(lendtime,'yyyy-mm-dd hh24:mi:ss'),'yyyy-mm-
dd hh24:mi:ss') BETWEEN to_date ('${datetime} 05:59:59','yyyy-mm-dd hh24:
mi:ss')and to_date ('${datetime} 23:59:59','yyyy-mm-dd hh24:mi:ss'))
where lendnum is null or lendnum= '0102')
    </select>
```

6.6.6 出租车管理站模块

1. 实现效果

（1）右侧地图显示出租车的实时位置分布，在搜索框内输入车辆编号，会放大至所查看车辆并弹出车辆信息；根据范围选择查看车辆，会高亮显示所选范围内的车辆。效果如图6.18所示。

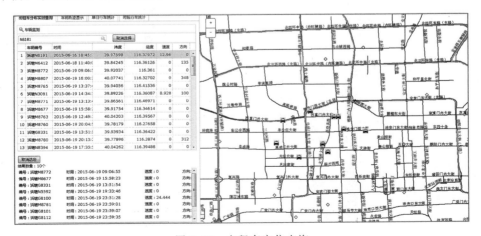

图6.18 出租车定位查询

(2)选择所需要查询的车辆及查询时间段,单击查询按钮,会在地图上显示出车辆的行驶轨迹,效果如图 6.19 所示。

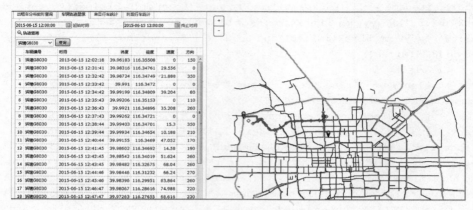

图 6.19　出租车轨迹查询

(3)统计车辆的行车里程和行车时间,如图 6.20 所示。

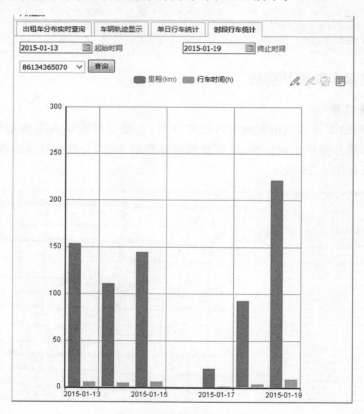

图 6.20　出租车行车统计

2. 核心代码

车辆轨迹查询渲染，代码如下：

```
functiontb2search(value)
{
var ur = './resources/img/location.png';
var localSymbol = new esri.symbol.PictureMarkerSymbol(ur,28,28);
varfromSymbol =  new esri.symbol.SimpleMarkerSymbol().setColor(new dojo.Color([0,255,0]));
vartoSymbol = new esri.symbol.SimpleMarkerSymbol()
              .setColor(new dojo.Color([255,0,0]));
var Symbols;
var gps= value;
var time1= $ ('# time_s').val();
var time2= $ ('# time_e').val();
$ ('# tt2').datagrid('load',{
gpsnumber: gps,
t1:time1,
t2:time2
});
esriConfig.defaults.io.proxyUrl = "proxy.jsp";
//其中 proxyUrl 是部署到 IIS 下的路径即可
esriConfig.defaults.io.alwaysUseProxy = false;
var routeParas = new esri.tasks.RouteParameters();
routeParas.returnRoutes = true;
routeParas.outSpatialReference = map.spatialReference;
//outspatialReference of rp
routeParas.stops = new esri.tasks.FeatureSet();
//stops of rp, each stop is a esri.Grahic
var a = routeParas.stops.features;
var routeSymbol = new esri.symbol.SimpleLineSymbol().setColor(new dojo.Color([0, 0, 255, 0.5])).setWidth(5);
GraphicDrawLayer.clear();
$.getJSON(urls+ "MSS/Gps_queryGPS? callback= ?",{gpsnumber:gps,t1:time1,t2:time2},function(data)
{
    $.each(data, function(i,Obj){
var lat= Obj.latitude;
var lng= Obj.longitude;
var point = new esri.geometry.Point(lng,lat);
```

```
var simpleMarkerSymbol = new esri.symbol.SimpleMarkerSymbol();
var times= Obj.gpstime;
var pknumber= Obj.pknumber;
var speed= Obj.speed;
var angle= Obj.angle;
var attr = {"pknumber":pknumber,"time":times,"speed":speed,"angle":angle};
infoTemplate = new esri.InfoTemplate("taxi","< tr > < td > 编号:
${pknumber}< /td > < td > 时间:${time}< /td > < td > 速度:${speed}< /td >
< td > 方向:${angle}< /td > < /tr > ");
graphicst = new esri.Graphic(point,Symbol1,attr,infoTemplate);
    graphicst1 = new esri.Graphic(point,simpleMarkerSymbol);
routeParas.stops.features.push(graphicst1);
GraphicDrawLayer.add(graphicst);
});
var graphics = GraphicDrawLayer.graphics;
var m= graphics.length;
var lng= graphics[0].geometry.x;
var lat= graphics[0].geometry.y;
var x= lng- 0.1;
var x2= Number(0.1)+ Number(lng);
var y= lat- 0.1;
var y2= Number(lat)+ Number(0.1);
var extentConstant = { "xmin":x, "ymin":y, "xmax": x2, "ymax":y2 };
var rExtent = new esri.geometry.Extent(extentConstant);
    map.setExtent(rExtent);
    graphics[0].setSymbol(localSymbol);
    graphics[m- 1].setSymbol(localSymbol);
routeTask.solve(routeParas, function (solveResults) {
for (var j = 0; j < = solveResults.routeResults.length - 1; j+ + ) {
    var routeSymbol = new esri.symbol.SimpleLineSymbol().setColor(new
dojo.Color([255, 0, 0])).setWidth(5);
    var oneRouteGra = solveResults.routeResults[0].route;
oneRouteGra.setSymbol(routeSymbol);
GraphicDrawLayer.add(oneRouteGra);
}
}, function (error) {
alert(error);
});
});
}
```

6.6.7 地铁客流监测模块

1. 实现效果

(1) 页面左侧显示地铁站点进出人次及客流统计时间范围,右侧通过地图显示地铁线路,可以勾选柱状图或者客流信息框来显示地铁进出人次,如图 6.21 所示。

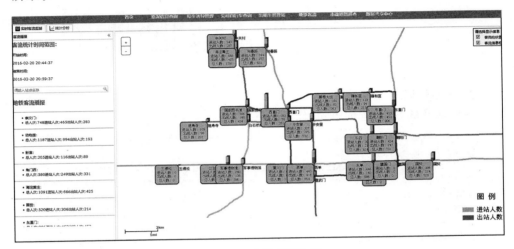

图 6.21 地铁客流监测

(2) 站点信息统计功能可以查询单个站点(换乘站点)一段时间内进出客流数据,如图 6.22 和图 6.23 所示。

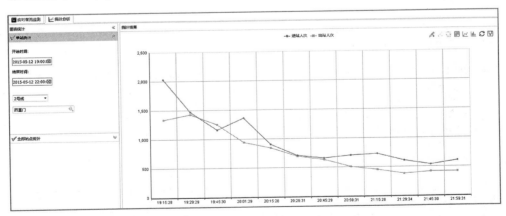

图 6.22 单个站点客流数据

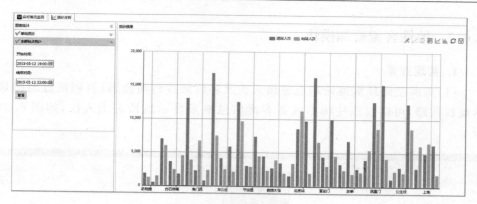

图 6.23 地铁站点客流统计

2. 核心代码

主要涉及的 SQL 查询语句,代码如下:

```
< selectid= "querySubwayFlowList"resultMap= "BaseResultMap"parame-
terType= "com.tocc.model.SubwayBean">
    select STATIONNAME, SUM (TOTALENTRYCOUNT + TOTALEXITCOUNT) SUM-
COUNT, SUM (TOTALENTRYCOUNT) TOTALENTRYCOUNT, SUM (TOTALEXITCOUNT) TOTA-
LEXITCOUNT,SUM (TOTALTICKETSSOLD) TOTALTICKETSSOLD from xctocc.AABA03_
STAT_FLOW_DATA
    WHERE ENDTIME&lt; = (select endtime from (select endtime from
XCTOCC.AABA03_STAT_FLOW_DATA  order by endtimedesc) where rownum= 1)
    and ENDTIME&gt; = ((select endtime from (select endtime from
XCTOCC.AABA03_STAT_FLOW_DATA  order by endtimedesc) where rownum= 1)-
15/(24* 60))
    group by STATIONNAME
< /select>

< selectid= "querySubwaychart" resultMap= "BaseResultMap"parameter-
Type= "com.tocc.model.SubwayBean">
    select STATIONNAME,LINENAME,TOTALENTRYCOUNT,TOTALEXITCOUNT,to_char
(CREATED,'HH24:MI:SS')CREATED from xctocc.AABA03_STAT_FLOW_DATA WHERE CREATED
    BETWEEN to_date('$ {t1}','yyyy-mm-dd hh24:mi:ss')
    and to_date('$ {t2}','yyyy-mm-dd hh24:mi:ss')
    and "STATIONNAME" like '% $ {stationname}% '
    and "LINENAME" like '% $ {linename}% '
    order by CREATED
< /select>

< selectid= "querySubwaychart1" resultMap= "BaseResultMap"parame-
terType= "com.tocc.model.SubwayBean">
    select STATIONNAME, SUM (TOTALENTRYCOUNT + TOTALEXITCOUNT) SUM-
COUNT, SUM (TOTALENTRYCOUNT) TOTALENTRYCOUNT, SUM (TOTALEXITCOUNT) TOTA-
LEXITCOUNT,SUM(TOTALTICKETSSOLD) TOTALTICKETSSOLD from
    XCTOCC.AABA03_STAT_FLOW_DATA
```

```
    WHERE ENDTIME&lt; = (select endtime from (select endtime from
XCTOCC.AABA03_STAT_FLOW_DATA order by endtimedesc) where rownum= 1)
    and ENDTIME&gt; = ((select endtime from (select endtime from
XCTOCC.AABA03_STAT_FLOW_DATA order by endtimedesc) where rownum= 1)- 15/
(24* 60))
    and STATIONNAME in('动物园','车公庄','平安里','西单','国家图书馆','宣武
门','西直门')
    group by STATIONNAME
< /select>
```

6.6.8 数据共享与交换模块

此模块主要展示地图静态数据，实现效果如图 6.24～图 6.26 所示。

图 6.24　静态点数据

图 6.25　静态线数据

图 6.26 地理信息系统数据展示

参考文献

陈继东,孟小峰,赖彩凤,2007.基于道路网络的对象聚类[J].软件学报,18(2):332-344.

陈洁,2010.个体时空活动数据的表达与分析:时间地理学方法[D].北京:中国科学院地理科学与资源研究所.

陈迅,2012.2.5维电子地图的制作与发布[D].西安:西安科技大学.

洪华军,冷文浩,吴建波,等,2010.开源框架下WebGIS的设计与实现[J].微计算机信息,26(19):127-129.

李丹,2013.基于开源软件的WebGIS框架设计[J].计算机时代(12):45-47.

李敏,沈云中,刘春,2004.基于MapInfo的电子地图坐标系定义与转换[J].测绘工程,13(4):28-31.

李清泉,杨必胜,郑年波,2007.时空一体化GIS-T数据模型与应用方法[J].武汉大学学报(信息科学版),32(11):1034-1041.

屈春燕,叶洪,刘治,2001.WebGIS基本原理及其在地学研究中的应用前景[J].地震地质,23(3):447-454.

任金铜,王志红,2010.基于开源软件的WebGIS框架设计研究[J].测绘标准化(1):3-5.

宋欣,2012.基于开源GIS软件的WebGIS系统构建及应用研究[D].兰州:兰州交通大学.

魏波,王学华,刘先林,等,2009.开源WebGIS分析与设计[J].测绘科学,34(6):233-236.

徐立新,赵蕾,2012.开源WebGIS设计与研究[J].电脑编程技巧与维护(8):18-19.

杨英杰,2014.基于开源技术的WebGIS系统构建与应用[D].西安:西安电子科技大学.

于艳超,许捍卫,2015.基于OGC规范的WebGIS开源平台研究[J].测绘与空间地理信息(4):56-58.

张大鹏,张锦,郭敏泰,等,2011.开源WebGIS软件应用开发技术和方法研究[J].测绘科学,36(5):193-196.

张大庆,陈超,杨丁奇,等,2013.从数字脚印到城市计算[J].中国计算机学会通讯,9(8):17-24.

张莹莹,郑建功,赵锋,2013.基于开源框架的WebGIS设计与实现[J].测绘与空间地理信息,36(12):206-208.

BERLINGERIO M,CALABRESE F,LORENZOG D,et al,2013. AllAboard: a system for exploring urban mobility and optimizing public transport using cellphone data[C]// Anon. Machine Learning and Knowledge Discovery in Databases. Berlin Heidelberg:Springer:663-666.

CASTRO P S,ZHANG D,LI S,2012. Urban traffic modelling and prediction using large scale taxi GPS traces[C]//Anon. International Conference on Pervasive Computing. Berlin Heidelberg:Springer:57-72.

CHEN C,ZHANG D,CASTRO P S,et al,2012. Real-time detection of anomalous taxi trajectories from GPS traces[C]//Anon. Mobile and Ubiquitous Systems: Computing, Networking, and Services. Berlin Heidelberg: Springer:63-74.

CHEN C,ZHANG D,ZHOU Z H,et al,2013. B-planner: night bus route planning using large-scale taxi GPS traces[C]//Anon. International Conference on Pervasive Computing and Communications. Santiago: IEEE, 8770(5):113-123.

DUAN Y Y,LU F,2013. Structural robustness of city road networks based on community [J]. Computers,Environment and Urban Systems,41(41):75-87.

EAGLE N,MAC Y,CLAXTON R,2010. Network diversity and economic development[J]. Science,328(5981):1029-1031.

GANTI R,SRIVATSA M,RANGANATHAN A,et al,2015. Inferring human mobility patterns from taxicab location traces[C]//Anon. International Joint Conference on Pervasive &. Ubiquitous Computing. New York: Association for Computing Machinery:495-468.

GIANNOTTI F,PEDRESCHI D,2008. Mobility,data mining and privacy-geographic knowledge discovery[M]. Berlin Heidelberg:Springer-Verlag.

HAN J,LI Z,TANG L A,2010. Mining moving object, trajectory and traffic data[C]//Anon. Database Systems for Advanced Applications. Berlin Heidelberg: Springer:485-486.

HWANG J R,KANG H Y,LI K J,2006. Searching for similar trajectories on road networks using spatio-temporal similarity[C]//Anon. East European Conference on Advances in Databases &. Information Systems. Berlin Heidelberg: Springer-Verlag:282-295.

LAI C,WANG L,CHEN J,et al,2007. Effective density queries for moving objects in road networks[J]. Computer Science,Berlin Heidelberg: Springer-Verlag:200-211.

LEE JG, HAN J, WHANG KY, 2007. Trajectory clustering: a partition-and-group framework [C]//Anon. SIGMOD International conference on management of data. New York:Association for Computing Machinery:593-604.

LI B, ZHANG D, SUN L, et al,2011. Hunting or waiting? Discovering passenger-finding strategies from a large-scale real-world taxi dataset[C]//Anon. IEEE International Conference on Pervasive Computing &. Communications Workshop. New York: Association for Computing Machinery:63-68

LI X, HAN J, LEE JG, et al,2007. Traffic density-based discovery of hot routes in road networks[C]//Anon. Advances in Spatial and Temporal Databases. Berlin Heidelberg: Springer: 441-459.

LI X,PAN G,WU Z,et al,2012. Prediction of urban human mobility using large-scale taxi traces and its applications[J]. Frontiers of Computer Science,6(1):111-121.

LIN B,SU J,2008. One way distance: for shape based similarity search of moving object trajectories[J]. Geoinformatica,12(2):117-142.

LIU L, ANDRIS C, ANDRATTI C,2010. Uncovering cabdrivers' behavior patterns from their digital traces[J]. Computers,Environment and Urban Systems,34(6):541-548.

LIU W, WANG Z, FENG J, 2008. Continuous clustering of moving objects in spatial networks

[C]//Anon. Knowledge-Based Intelligent Information and Engineering System. Amsterdam: Procedia Computer Science:543-550.

MILLER H J,2005. A measurement theory for time geography[J]. Geographical Analysis,37(1):17-45.

MILLER H J,BRIDWEL L S A,2009. A field-based theory for time geography[J]. Annals of the Association of American Geographers,99:149-175.

PAN G,QI G,WU Z,et al,2013. Land-use classification using taxi GPS traces[J]. IEEE Transactions on Intelligent Transportation Systems,14(1):113-123.

PEI T,WAN Y,JIANG Y,et al,2011. Detecting arbitrarily shaped clusters using ant colony optimization[J]. International Journal of Geographical Information Science,25(10):1575-1595.

SHIODE S,SHIODE N,2009. Detection of multi-scale clusters in network space[J]. International Journal of Geographical Information Science,23(1):75-92.

SONG C M,QU Z H,BLUMM N,2010. Limits of predictability in human mobility[J]. Science,327(5968):1018-1021.

SUN L,ZHANG D,CHEN C,et al,2013. Real time anomalous trajectory detection and analysis [J]. Mobile Networks and Applications,18(3):341-356.

WESOLOWSKI A,EAGLE N,TATEM A,et al,2012. Quantifying the impact of human mobility on malaria[J]. Science,338(6104):267-270.

YUAN J, ZHENG Y, XIE X, 2012. Discovering regions of different functions in a city using human mobility and POIs[C]//Anon. Proceedings of the 18th SIGKDD Conference on Knowledge Discovery and Data Mining. Beijing:Science Press:186-194.

YUAN J, ZHENG Y, ZHANG C, et al, 2010. T-drive: driving directions based on taxi trajectories[C]//Anon. ACM SIGSPATIAL GIS 2010:ACM SIGSPATIAL international conference on advances in geographic information systems. New York:Association for Computing Machinery:99-108

ZHANG D, LI N, ZHOU Z H, et al, 2011. iBAT: detecting anomalous taxi trajectories from GPS traces[C]//Anon. UbiComp'11-Proceedings of the 2011 ACM Conference on Ubiquitous Computing. New York:Association for Computing Machinery:99-108.